地球を脅かす化学物質

地球を脅かす化学物質

発達障害やアレルギー急増の原因

木村-黒田純子

海鳴社

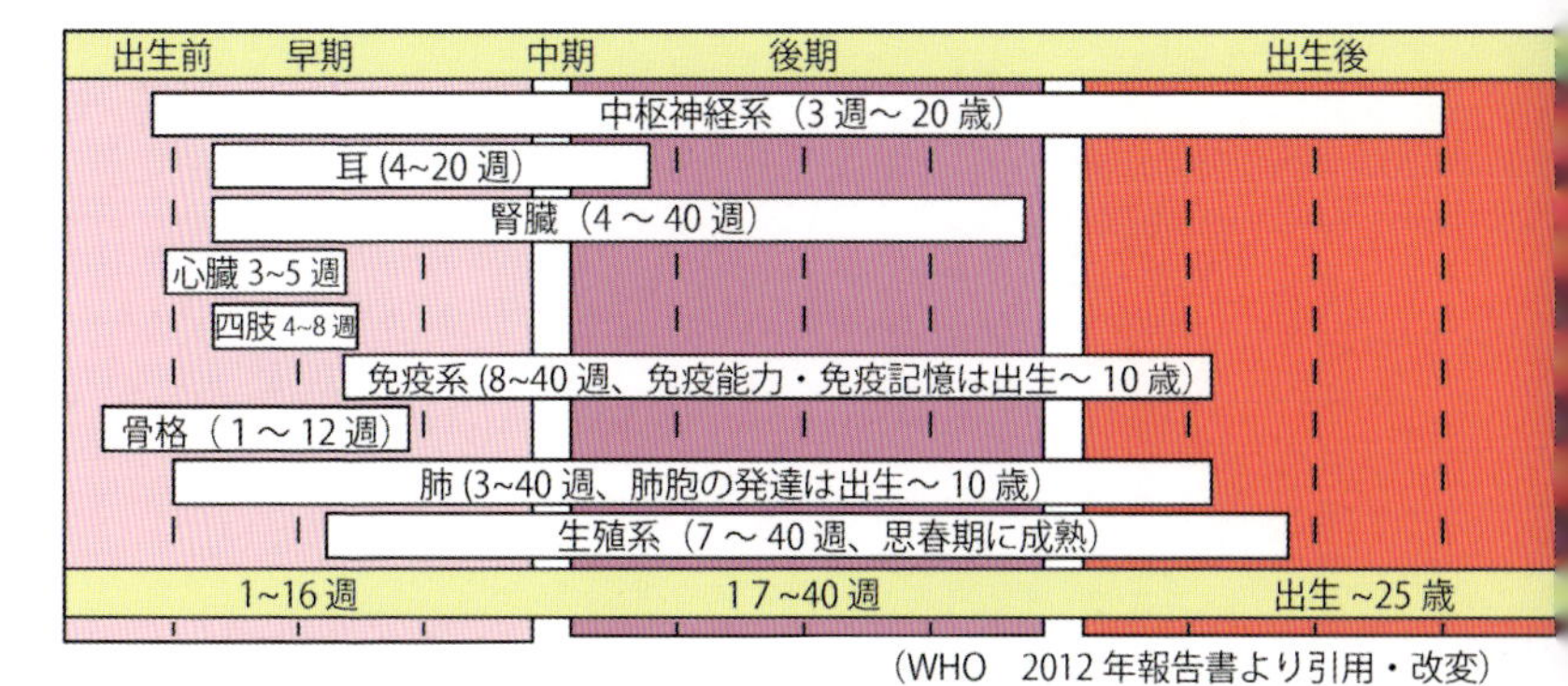

（WHO　2012 年報告書より引用・改変）

口絵 1　発達段階における内分泌攪乱化学物質の感受性期

各組織に固有の感受性期があり、その時期は内分泌攪乱化学物質の影響を受けやすい。

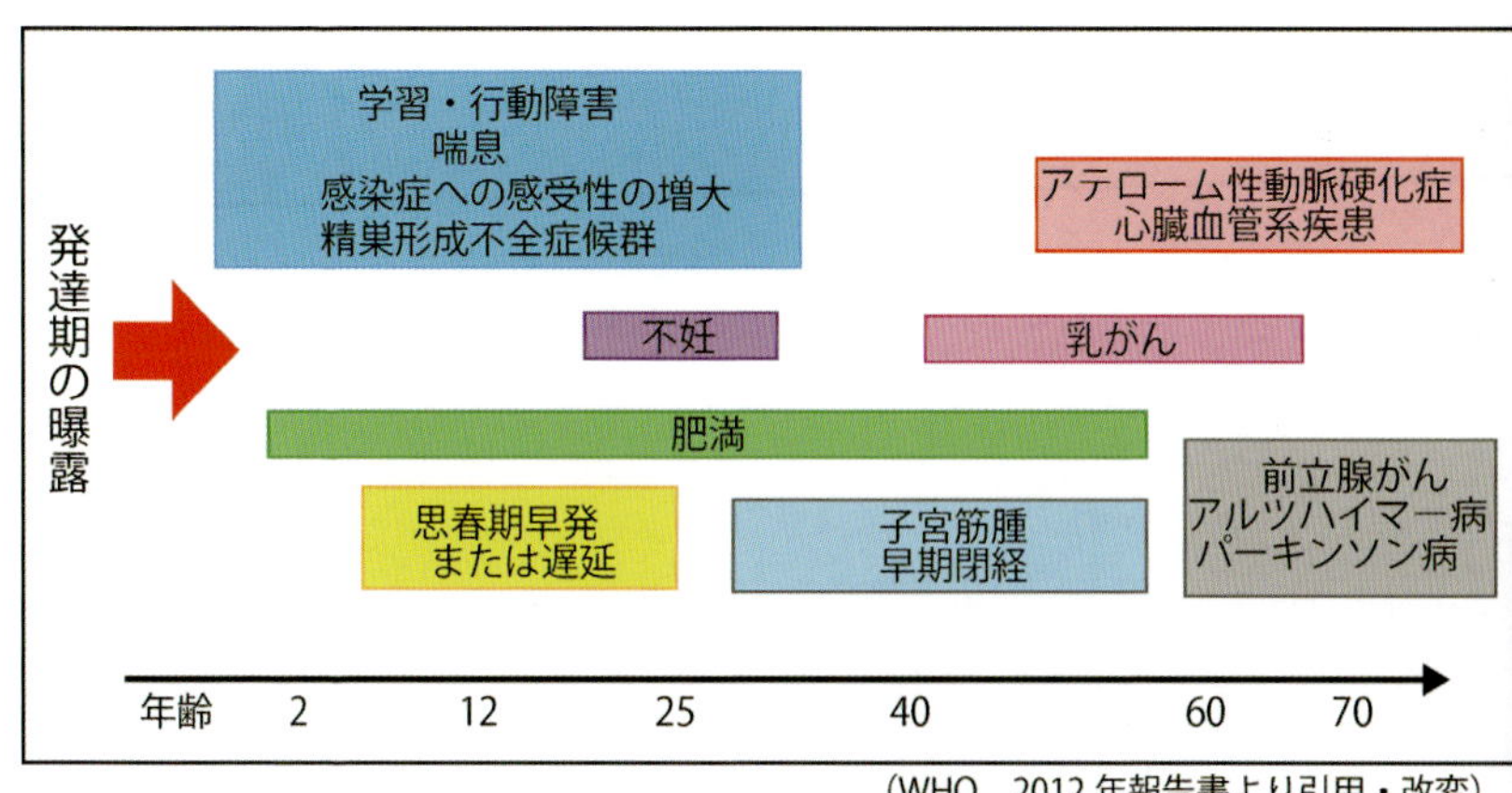

（WHO　2012 年報告書より引用・改変）

口絵 2　発達期における内分泌攪乱化学物質の曝露により発症する可能性のある疾患

A:　国内ダイオキシン排出総量の推移

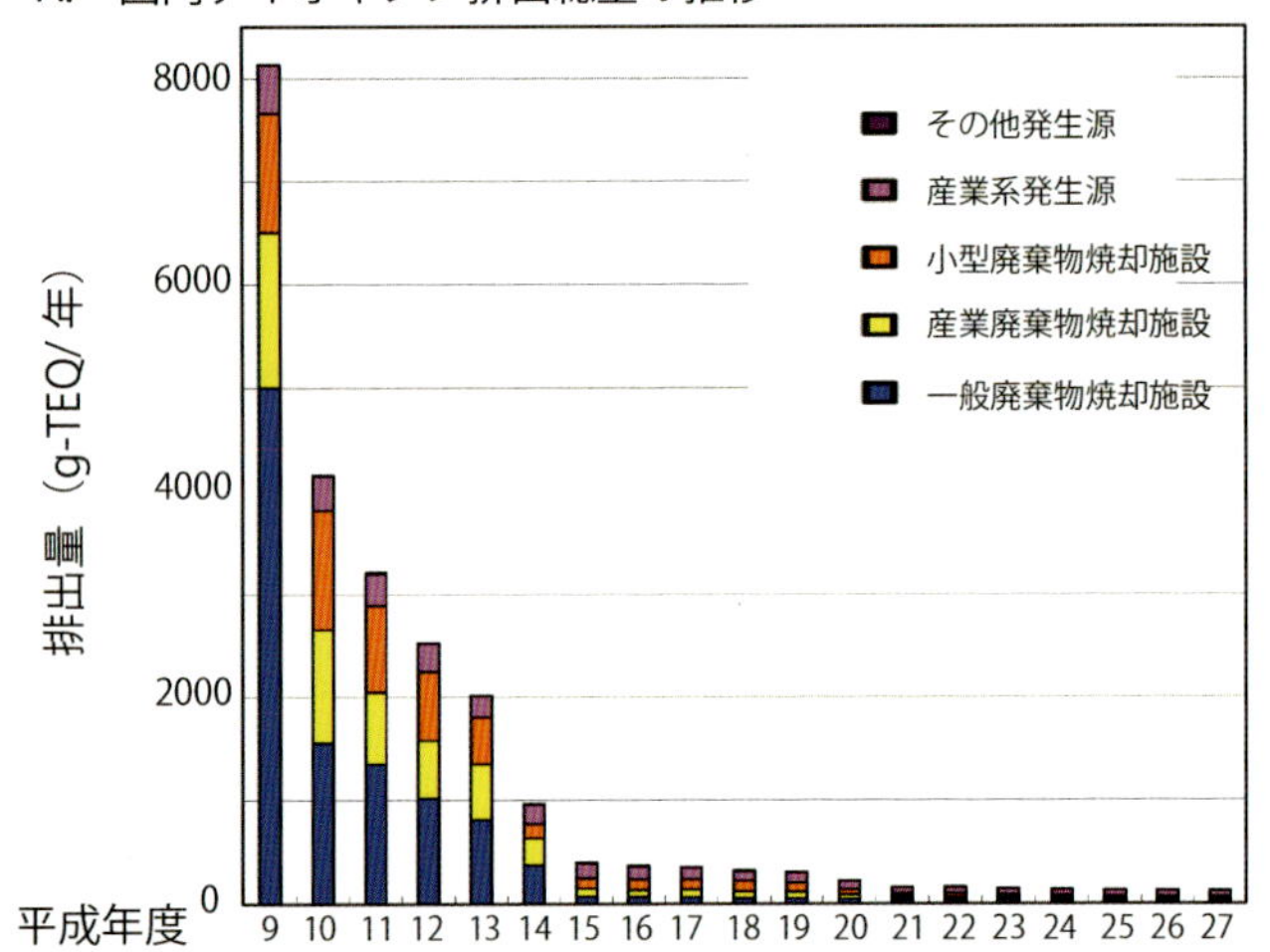

B:　国内ダイオキシンの推定摂取量の推移

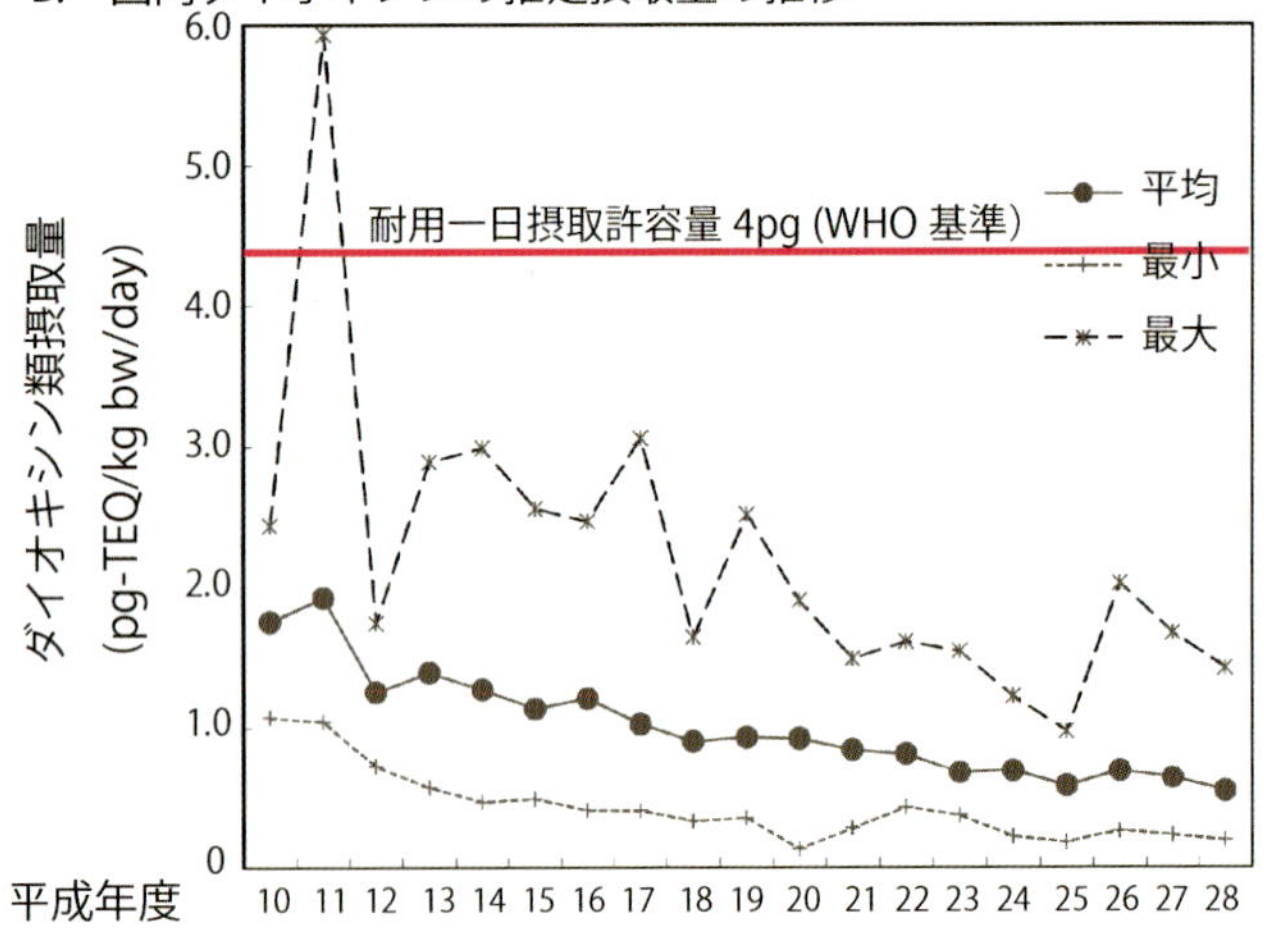

口絵 3　国内のダイオキシン排出量と国民摂取量の推移

平成 11 年にダイオキシン類対策特別措置法が実施され、排出は劇的に減少している割に、摂取量は横ばい状態が継続している。A 排出量：H28 環境省 ダイオキシン類の排出量より　B 摂取量：平成 27 年度厚労省「食品からのダイオキシン類の摂取量調査に関する研究報告書」のグラフに WHO の基準値を入れた。摂取量は各年とも約 90％は魚類からの摂取。TEQ：ダイオキシンの毒性を示す特別な表示。表 1 - 1 の説明参照

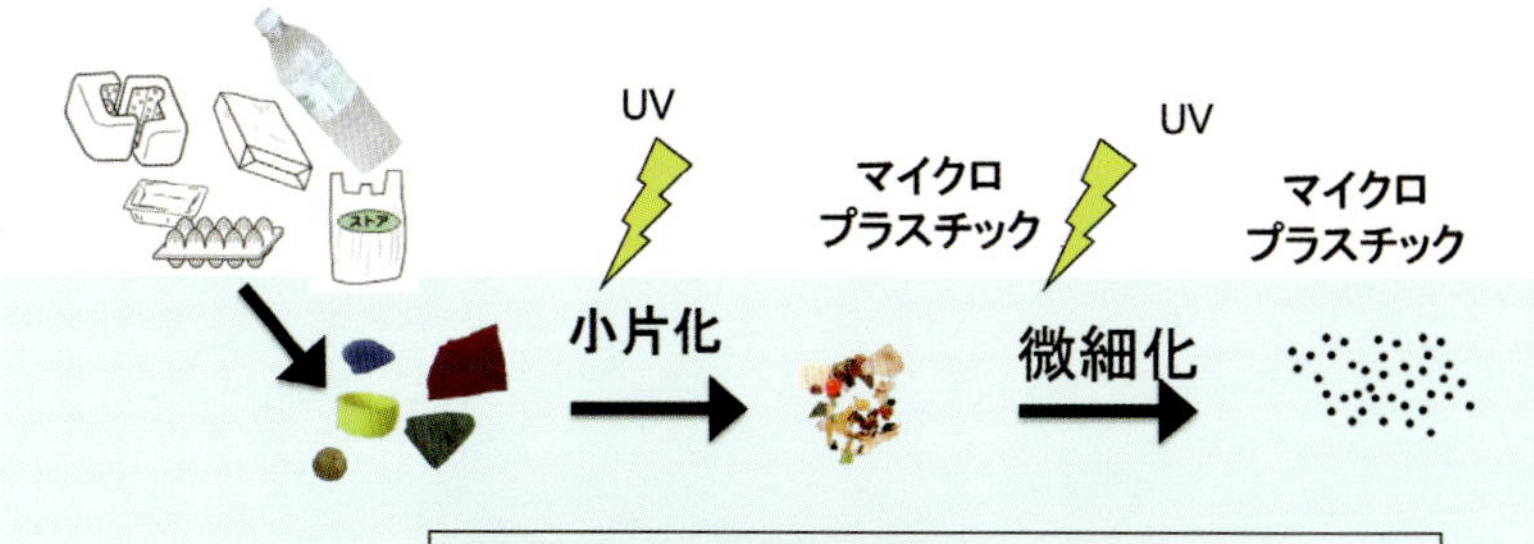

口絵 4　マイクロプラスチックができるまで　ペレットウオッチ HP より引用

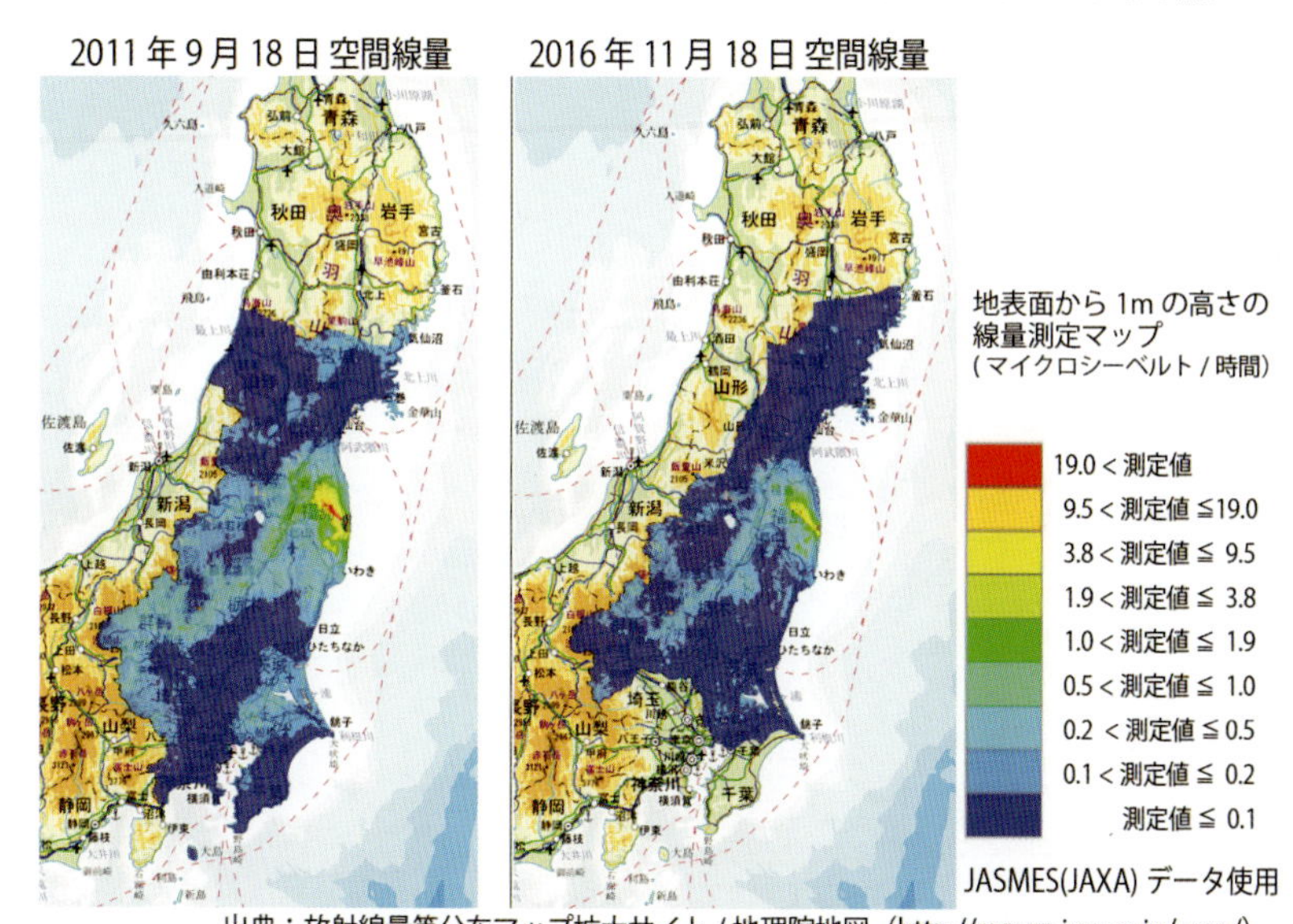

出典：放射線量等分布マップ拡大サイト / 地理院地図（http://ramap.jmc.or.jp/map/）

口絵 5　2011 年、2016 年の福島県周辺の放射線空間線量の推移

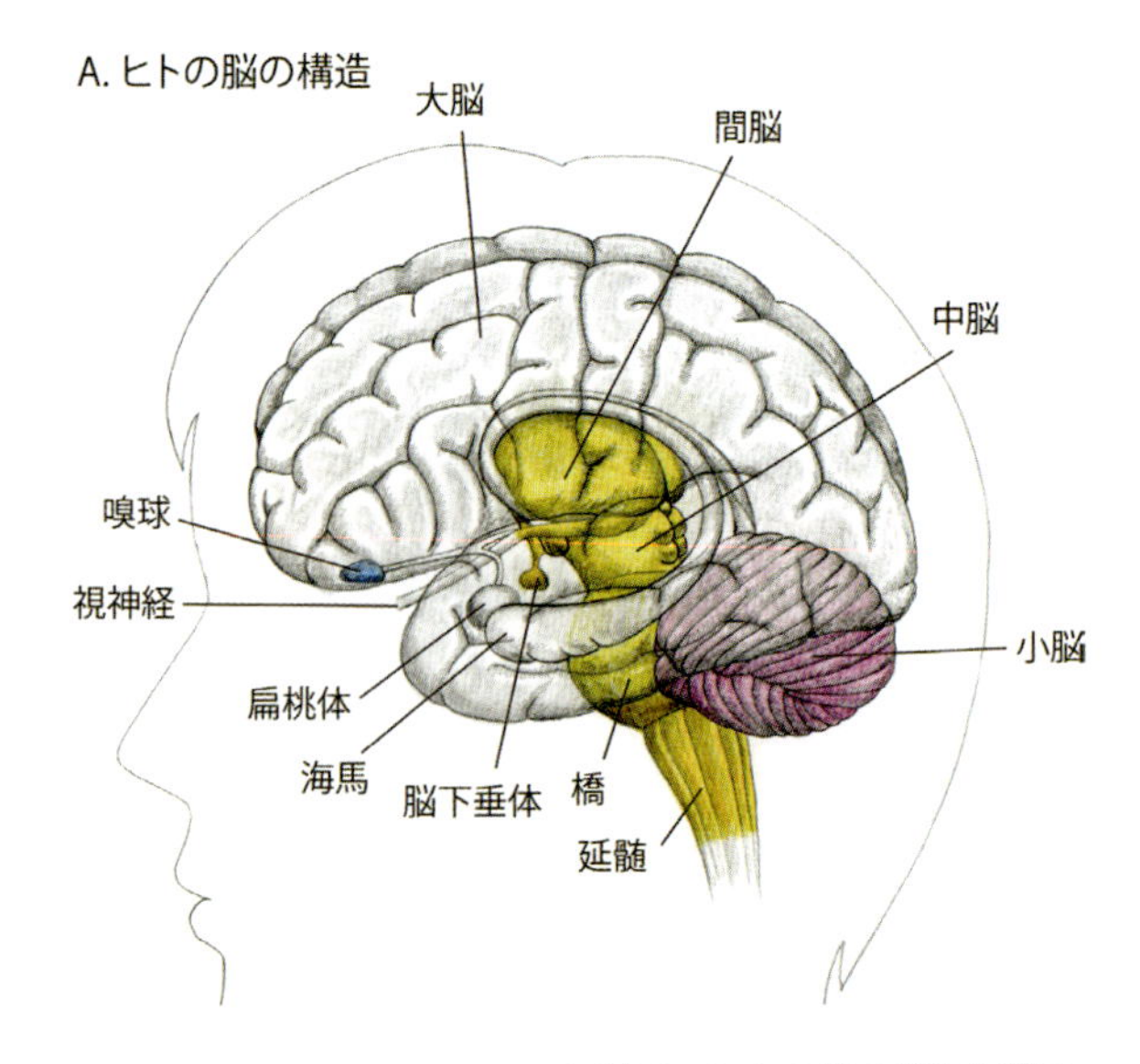

B. 脳の進化

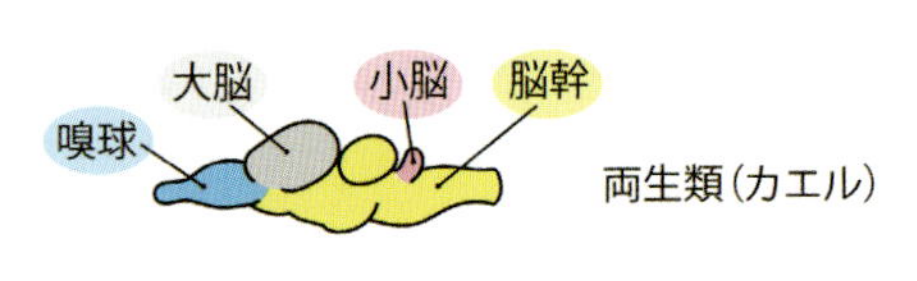

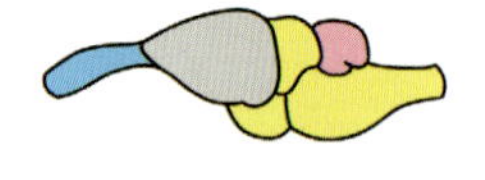

爬虫類（ワニ）

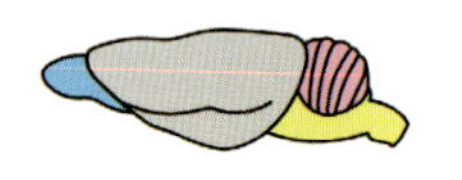

哺乳類（ラット）

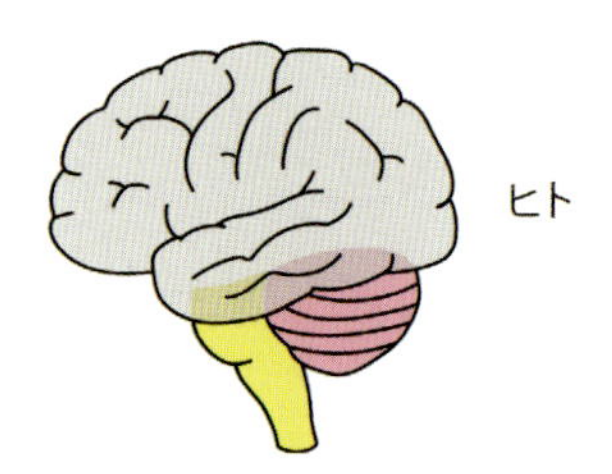

口絵 6　ヒトの脳の構造と脳の進化　（イラスト：安富佐織）

A.（上）ヒトの脳の構造：ヒトの脳は大脳が発達し、本能や生命維持を司る脳幹は大脳に覆われている。この図では脳幹や嗅神経を可視化した。嗅神経は他の感覚神経系と異なり、情動を司る扁桃体や大脳皮質嗅覚野に直接投射する経路がある。

B.（左）脳の進化：両生類、爬虫類、ラットでは嗅球、脳幹の占める割合が大きい。ヒトの脳は、大脳が特別発達していることが特徴。

目次

はじめに　美しい自然と子どもたちの未来

日本の自然が豊かで美しいことは誰もが賛同することでしょう。南北の変化に富んだ山や河川、海、大小の島々、そして里山、そこに生息する亜寒帯から亜熱帯の動植物相が四季折々の素晴らしい景観を見せてくれます。食べ物も農産物、海産物など種類も豊富で、自然の恵みに満ちています。私はこの豊かな自然が好きなだけに、日本の自然環境の変化、子どもの健康状態を考えると、将来がどうなるのか心配でなりません。

この何年か、日本の自然環境が変わってきたと感じるのは、私だけでしょうか。私は季節を五感で感じるのが好きで、東京郊外の自宅周辺をよく歩きますが、ここ数年~十数年、どこか違和感を覚えるのです。特に春には、環境の変化を感じます。春が訪れると、外来性のものが増えたとはいえ、たくさんの花々が咲き、新芽の輝きに心躍るのですが、何故か静けさが漂ってきます。昆虫や小動物の春のざわめきが聞こえてきません。

約50年前、私の住んでいた都心でも、春になるとハチや蝶、名前も分からない虫たちが飛び交い、這いまわり、それを狙う鳥やカエルたちもざわざわして、春は繁殖を迎える季節でした。もちろん今でも虫や鳥、カエルはいますが、その種類や数は極端に減りました。樹々には様々な虫たち、小さい水たまりや池にはオタマジャクシが水面を黒く見えるほど覆いつくし、スズメやツバメも煩いほど都心にもたくさんいましたが、知らない間にどこかに姿を消しました。この50~60年ほどの間に、私たちの見えないところで自然環境が大きく変わり、消えていった昆虫や小動物たち、さらにもっと小さな生き物、微生物たちが静かに警告を発しているように感じます。

またこの半世紀ほどの間で、これまでに見られなかったような子どもの健康問題が危惧されてきました。アレルギー、喘息など免疫疾患、肥満、糖尿病など代謝・内分泌系の異常、脳の発達に何等かの障害のある子どもが急増していることは、環境省の調査で確認されています。文部科学省は2012年発達障害の可能性のある児童は全体の6・5%(15人に1人)と発表し[1]、2016年には自閉症スペクトラム障害(以下、自閉症)、注意欠如多動性障害(ADHD)、学習障害(LD)などの発達障害(注)の児童が、平成17~27年の間にほぼ2倍に急増したと発表しました[2]。さらに不妊や、妊娠しても子どもが育たない不育症、早産、低体重出生なども増え、今後の日本を担う次世代の人口の低下は深刻です。自閉症など発達障害や、引きこもり、切れやすいなどの社会性、対人関係に問題のある児童・若者が急増していることは、少子化に加え今後の日本の大きな社会問題で、日本経済への深刻な圧迫となっています。一方で日本人の平均寿命は長くなりましたが、アルツハイマー病、パーキンソン病、鬱病などの精神神経疾患やがん疾患などが増え、健康障害を持つ高齢者の増加も重大な社会問題です。

（注）発達障害は、米国精神医学会の分類が一般的に使用されており、2013年DSM-5に改変されました。自閉症は自閉症スペクトラム障害とされ、従来の広汎性発達障害やアスペルガー症候群まで広く含まれるようになりました。自閉症スペクトラム障害以外に、注意欠如多動性障害、学習障害は別に分類されています。

自閉症など発達障害は、障害ではなく個性の延長と捉える見方があります。人間にはそれぞれ個性があり、どこまでが疾患か定型か判断できない場合はよくあることです。エジソンやアインシュタインも発達障害だと言われており、発達障害と診断された人が特別な能力を発揮する場合も多数報告され、あながち悪いことばかりではありません。しかし、特別な療育を必要とする発達障害児が近年急増していることは、本人だけでなく両親、社会にも大きな負担がかかっています。放置すると、いじめや引きこもりなどに繋がる場合も見られます。発達障害の急増加に原因があるなら、それを明らかにして予防することが重要と考えています。

この50〜60年で日本の経済は急成長し、食料も「一見豊か」になり、住居環境、社会環境も「近代的に整備」され、「衛生状態も良く」なってきたのに、なぜ子どもの健康状態が損なわれ、懸念されるようになったのでしょうか。環境の変化と関係しているのでしょうか。

この半世紀で私たちを取り巻く環境は大きく変化し、食生活の変化、衛生状態、プラスチック製品など合成化学物質製品の急増、家庭や学校教育、インターネット、携帯電話の普及など環境が大きく変わりました。これらの環境の変化は子どもの健康にそれぞれ関わっていると考えられますが、なかでも1950年頃から急増した膨大な種類の有害な環境化学物質の曝露は負の要因として疑われています。

自然環境も、地球温暖化による影響がある上に、農薬の乱用で昆虫や鳥などが激減し、生態系に急激な変化をきたしているという科学的知見が多く出てきています。重篤な細菌感染症の治療で素晴らしい成果を上げてきた抗生物質は、医療用、家畜用、農薬に乱用されたことで、薬剤耐性菌が生まれたり、人間の健康に重要な腸内細菌のバランスを壊したりしていることが指摘されています。

この20年余り、筆者は公的研究機関において、PCBや農薬など有害な環境化学物質が脳発達に及ぼす影響について研究を続け、その結果を連れ合いと共著の本『発達障害の原因と発症メカニズム』に記載して2014年に出しました[3]。さらに子どもの脳だけでなく様々な健康障害は、有害な環境化学物質の曝露と深く関わっていることも、分かってきました。

それは、私の独りよがりや、思い込みと思う方がいるかもしれません。しかし、有害な環境化学物質について膨大な研究が積み重ねられた結果、世界の多くの研究者や様々な機関が、その危険性について公式に警告しているのです。米国内分泌学会(世界122カ国の研究者が参加している国際学会)は2009年、2015年に内分泌撹乱化学物質(環境ホルモン)が子どもの発達において重要な内分泌系、脳神経系、免疫系を撹乱して健康障害を起こすと公的な勧告を出しました[4, 5]。WHO(世界保健機関)は、2012年、内分泌撹乱化学物質(環境ホルモン)が子どもや生態系に及ぼす有害影響を重大視して、「内分泌撹乱化学物質の科学の現状2012年」[6]、「内分泌撹乱化学物質と子どもの健康」[7]を取り纏めて発表しました。2012年に米国小児科学会は「農薬曝露は子どもにがんのリスクを上げ、脳の発達に悪影響を及ぼす」と公式に声明[8]を発表し、2015年に国際産婦人科連合が「農薬、大気汚染、環境ホルモンなど有害な環境化学物質の曝露が流産、死産、胎児の発達異常、がんや自閉症などの発達障害を増加させている」と公式見解[9]を出しています。

一方、今の日本では、この環境化学物質の問題は一般にはあまりに知られていません。筆者は、農薬や環境ホルモンなど有害な環境化学物質汚染が地球環境の悪化を招き、それが子どもたちにも影響を及ぼしているのではないか、ということにもっと目を向けて欲しいと願って、この本を書きました。身の回りの自然環境にいかなる変化が起きているのか、子どもたちの健康にどんな悪影響が及んでいるのか、そのことを皆さんと一緒に考えてみたいと思います。

「生命の星」地球は46億年という長い歴史をもっています。地球に生きる生き物たちは、生命誕生から38億年もの長い命の歴史を繋げてきました。人間が地球に誕生したのは、その中ではごく最近です。しかも、この半世紀に人間がやってきたことが、地球環境や生き物に大きな影響を与えています。環境化学物質について、最近、明らかになってきた科学的事実やその証拠となる具体的なデータを、できるだけ分かりやすくお知らせしながら、今の社会の抱える問題を一緒に考え、将来に希望の持てる道を模索したいと願っています。読みにくいところは飛ばして結構ですが、最後のページ「べつの道」までご一緒していただきたいと思います。

なお、本文中での敬称は省略、所属は原則として、引用した仕事をしたときのものを示させて頂きました。

■コラム1：化学物質とは何か

化学物質という言葉は一般によく使われますが、分野や文脈によって違う意味で使われているようです。自然科学の一分野である「化学」において化学物質とは、原子、分子、イオンなどから構成されたすべての物質を指します。そのため合成化学物質も天然化学物質も区別しません。私たち人間の体を構成している生理化学物質、別の言い方をすると生体分子までも含まれます。

一方、「化審法」とよばれる化学物質規制の法律では、化学物質は「元素又は化合物に化学反応を起こさせることにより得られる化合物」とされ、人工的に合成された物質であって、天然物は含みません。本書では、専門書ではないので便宜上、人工化学物質、環境化学物質、合成化学物質、生理化学物質、生体分子などと使い分けました。環境化学物質には、環境中に存在する人工化学物質に加え、天然物であっても有害な重金属なども含みます。専門家によってその境界線で議論が分かれますが、あくまで理解を第一に考慮しました。

生体分子とは、生命を構成するすべての生理的な化学物質を言います。糖、脂肪酸、アミノ酸など低分子に分類されるものから、多糖、脂肪、核酸、タンパク質など高分子に分類されるものまであります。なかでもタンパク質は複数のアミノ酸からなる高分子で、多様な生命活動の基本を担っており、DNA遺伝子にはタンパク質の情報が書き込まれています。

２０２０年1月、第3版に向けて：初版（２０１８年）では日本の農薬の毒性試験に発達神経毒性が含まれていないと数度記載しましたが、２０１９年４月、農水省は発達神経毒性を農薬毒性試験に追加しました。但し、必須項目ではなく、方法も従来の旧式のもので、特高次脳機能が調べられるか疑問視されています。

*1*章　合成化学物質と原子力発電の光と影

まず、現在私たちがどのような化学物質環境におかれているのか、実際のデータから考えてみたいと思います。原発事故による放射性物質汚染による健康障害は、合成化学物質とは異なりますが、発がん性物質との複合影響もあり、現在の重大な環境問題ですので本書に含みました。

1．有害な化学物質にさらされている日本人

私たち日本人は、どんな環境化学物質に曝露しているでしょう。その情報は、環境省から公開されています。2011年から2016年の間、一般人ボランティアの血液や尿などを集めて、ダイオキシン、PCB、農薬、重金属などの有害な環境化学物質がどれだけ検出されるかを調べたもので、その一部を表1－1に抜き出し、右列には想定される毒性を、筆者が書き加えました。（詳細は環境省HP）[10]

中央値	可能性のある毒性や性質注)
9.4pg-TEQ/g-fat*	発がん性、エピジェネティック変異原等
190 ng/g-fat**	環境ホルモン作用等
3.5 ng/ml	発がん性、生殖毒性等
1.8 ng/ml	
6.1 ng/g-fat	有機塩素系農薬、発がん性、神経毒性、発達神経毒性、環境ホルモン作用、エピジェネティック変異原等
120 ng/g-fat	
23 ng/g-fat	
3.2 ng/g-fat	
27 ng/g-fat	
14 ng/g-fat	発がん性等
2.6 ng/g-fat	環境ホルモン作用等
11 ng/ml	神経毒性、発達神経毒性
8.3 ng/ml	神経毒性等
5 μ g/g cr***	神経毒性、遅発性神経毒性、発達神経毒性等
2 μ g/g cr	
6 μ g/g cr	
33 μ g/g cr	発達神経毒性等
0.97 μ g/g cr	環境ホルモン作用等
16 μ g/g cr	環境ホルモン作用、発達神経毒性等
2.6 μ g/g cr	
8.3 μ g/g cr	
5.4 μ g/g cr	
29 μ g/g cr	環境ホルモン作用 エピジェネティック変異原等
72 μ g/g cr	環境ホルモン作用
0.74 μ g/g cr	神経毒性、エピジェネテイック変異原、遺伝毒性等
4 μ g/g cr	

表 1-1 日本人における有害な環境化学物質の曝露状況 ――環境省モニタリング調査（2011 ～ 2016）

健常人 490 名（各年度約 80 名、40-59 歳）のボランティアの血液、その内 420 名の尿を用いて測定。

血液調査は難分解性物質や金属について測定し、尿調査は代謝が早い物質について測定。90 名については 3 日間の食事を回収し、食事経由の化学物質の摂取量も調査。2011 ～ 2016 年の結果の中央値を記載。

†：2011 年のみ検査した項目。◎：検査対象の全員から検出。*TEQ：毒性等量（化合物により毒性の強さが違うので、毒性が強い 2,3,7,8-TeCDD 毒性に換算した値）。**/g-fat：脂肪重量当たりの濃度。***/g cr：尿中クレアチンに対する濃度。

注：「可能性のある毒性や性質」は、筆者が研究論文の情報から加えた項目で、環境省の見解ではない。毒性については標記以外の毒性もある。

「日本人における化学物質のばく露量について 2017」パンフレットより抜粋（環境省環境保健部リスク評価室）[10]

試料	分類、用途など	化学物質名
血液	ダイオキシン類（非意図的生産物）	
	PCB（ポリ塩化ビフェニール）類†（異性体209種、絶縁材等）	
	フッ素化合物 (テフロンなど家庭用品)	PFOS(ペルフルオロオクタンスルホン酸) PFOA(ペルフルオロオクタン酸)
	DDT（ジクロロジフェニルトリクロロエタン）類†	p,p'-DDT p,p'-DDE（代謝物）
	クロルデン類†	trans ノナクロル
	ドリン類†	ディルドリン
	ヘキサクロロシクロヘキサン†	β HCH
	ヘキサクロロベンゼン†（除草剤）	
	PBDE類（ポリ臭素化ジフェニルエーテル、難燃剤）†	
	鉛	
	総水銀（メチル水銀、無機水銀など）	
尿	有機リン系農薬代謝物	DMP（ジメチルリン酸） DEP（ジエチルリン酸） DMTP（ジメチルチオリン酸）
	ピレスロイド系農薬代謝物	PBA（フェノキシ安息香酸）
	トリクロサン(除菌剤、薬用石鹸、歯磨き、化粧品など)	
	フタル酸エステル代謝物 （プラスチック可塑剤）	MBP（フタル酸モノブチル） MEHP（フタル酸エステル） MEHHP MEOHP
	ビスフェノールA（BPA; プラスチック原料）	
	パラベン類（防腐剤）	メチルパラベン
	カドミウム	
	ヒ素	三価ヒ素

表でまず注目したいのは、ＰＣＢ、有機塩素系農薬などの有害な残留性有機汚染物質（Persistent Organic Pollutants：ＰＯＰｓ類：ダイオキシンを含む）に、「日本人全員」が曝露していることです。残留性有機汚染物質類は、ほとんどが１９５０年頃から１９７０年代を中心に大量に生産・使用された合成化学物質です。これらは毒性・残留性が高いため現在では法規制され、ほとんど生産されていませんが、いったん環境中に放出されてしまうと数十年経っても分解しないので、海洋などの環境中に残存しています。そして海洋生態系の上位にいる魚の脂肪分に高濃度で蓄積し、回りめぐって人間の体内に取り込まれるという連鎖が未だに続いています。ダイオキシンは、環境ホルモン問題がニュースなどで騒がれた際に大きく取り上げられた物質で、塩素を含むビニールやプラスチックなどの不完全燃焼や、薬品類の合成の際、意図しない副産物として生成します。

それ以外にも、難燃剤としてカーテンや車の内装などに多用されたポリ臭素化ジフェニルエーテル（ＰＢＤＥ）、テフロンや撥水剤として多く使用されてきた有機フッ素化合物（ＰＦＯＳ、ＰＦＯＡ）も、検査した全員から検出されています。これらは、使用された後に、不妊や流産などの生殖機能への影響や環境ホルモン作用が報告され、しかも難分解性なので残留性有機汚染物質類に指定されて、現在は生産が自粛されています。

次に目を引くのは農薬で、難分解性・高毒性から使われなくなった有機塩素系以外の農薬類、有機リン系、ピレスロイド系殺虫剤などの代謝物が、日本人の尿中に見つかっています。農薬については９章で詳しく説明しますが、それぞれに慢性神経毒性、発達神経毒性などが懸念されています。

２０１６年に発表された論文では、国内の3歳児（２２３名）の尿中のネオニコチノイド系、有機リン系農薬代謝物、ピレスロイド系農薬代謝物を調べたところ、ネオニコチノイドに曝露している割合は７９・８％、有機リン系、ピレスロイド系農薬に曝露している割合は１００％でした[11]。この子どもたちに目立った健康上の問題はなく、検出された農薬はどれも低濃度でしたが、複数の農薬に日常的に曝露していることが分かりました。

いくら低濃度といっても、成長期の子どもたちが複数の農薬に毎日曝露しているのは気がかりです。この影響については次節と4章、9章で説明しますが、低濃度でも農薬の曝露は子どもの脳発達に悪影響を及ぼすという論文が多数出ており、影響が心配です。

実際、国内では余り報道されませんが、日本は世界でも農地面積当たりの農薬使用量がとても高い国です。ＯＥＣＤ（経済開発協力機構）加盟主要国中、この十数年来、韓国と日本が第1位と2位を競っているのです[12]。（中国はＯＥＣＤに加盟していないので入っていませんが、国連食糧農業機関のデータでは中国が1位になるようです）

さらに、ビスフェノールＡ（ＢＰＡ）やフタル酸エステルなどプラスチックの原料となる物質や防腐剤パラベンが、私たちの尿から検出されています。これらには、環境ホルモン作用が報告されています[13]。

殺菌剤トリクロサンも全員から検出される物質です。これは、殺菌用石鹸や歯磨き、化粧品などに長年多用されてきましたが、環境ホルモン作用などが懸念され、２０１６年、米国でトリクロサンを含む石鹸が販売禁止となりました。米国の禁止を受け、日本でも厚生労働省（以下、厚労省）が、健康に問題はないと但し書きを付けた上でトリクロサンを代替品に変えるよう通達を出し、現在では自粛されてきています。最近の研究では、トリクロサンなど殺菌剤、抗菌剤が人間の健康な腸内細菌の組成を変えて善玉菌まで殺してしまい、健康障害を起こすことが懸念されています[14]。

古くから毒性が確認されている鉛、カドミウム、ヒ素、水銀などの重金属も、低用量ですが検出されています。水銀の中でもメチル水銀は神経毒性が高く、水俣病で明らかとなったように、母胎から胎児に移行しやすいので、妊娠中は注意が必要です。他にも鉛、カドミウム、ヒ素など重金属類には神経毒性や発がん性のあるものもあり、要注意です。

表1－1のデータは成人のもので、化学物質の影響を受けやすい子どもや妊婦さんのデータではありませんが、日本人の化学物質曝露状況が反映されているのは確かでしょう。また成人と違って、胎児や小児は有害な化学物質に対する解毒機能や排出機能が未発達ですから、より注意が必要です。これまでの研究から、母体が汚染されていると、ほとんどの環境化学物質が胎盤を通過し胎児へ，母乳を通じて乳児へ移行しやすいことがすでに分かっています[15]。日本の調査では、母体血、臍帯血、臍帯中のＰＣＢや有機塩素系農薬を調べると、ほぼ同じ濃度で検出され、残留性有機汚染物質類が胎盤を通過していることが確認されています。また米国の調査では、臍帯血から２００種以上の環境化学物質が高率に検出され、環境化学物質の多くが胎盤を通過することが調べられています。日本人が日常曝露している環境化学物質は、脆弱な胎児や乳児にも曝露しているとみて間違いはありません。

2. ホルモンと脳を撹乱する環境化学物質

表1-1で見てきたように、日本人はたくさんの環境化学物質に曝露していますが、検出されるそれぞれの濃度は低い濃度で、「直ちに」急性中毒症状などの健康障害を起こすようなことありません。しかし、これで安心してはいけません。最近、科学的に明らかになってきた環境ホルモン（内分泌撹乱）作用や発達神経毒性などは、ごく低用量（注）で子どもの健康障害を起こすこともあるのです。

1990年頃ニュースをにぎわした環境ホルモンは、正式には外因性内分泌撹乱化学物質と呼び、環境中に含まれているホルモン撹乱作用を持つ化学物質のことを意味します。環境ホルモンは日本で作られた造語ですが、言葉が浸透して理解しやすい面もあるので、本書では状況に応じて両方を使います。

（注）本書には低用量という表現が何度も出てきます。生体内で生理化学物質が反応する濃度は、それぞれ異なりますが、なかでもホルモンは低用量で働くことが分かっています。実際の濃度は、ホルモンの種類によって異なり、マイクロモルからナノモル程度です。モル濃度とは、通常1リットル溶液中に存在する分子がアボガドロ定数、約6×10^{23}個存在する場合を1モルとし、マイクロは10^{-6} ナノは10^{-9}を示します。環境化学物質の曝露濃度は、それぞれ違いますが、物質によってはこのホルモンの働く濃度に近い値を示すものもあります。

環境ホルモンは、日本では空騒ぎだったというキャンペーンが流布してしまい、現在は忘れられがちです。しかし、環境ホルモンが人体や動物にホルモン撹乱作用を起こすことは、科学的に証拠が積み重なってきています。前述したように米国内分泌学会（世界122カ国が参加している国際学会）

は2009年、2015年に環境ホルモンが子どもの発達に悪影響を及ぼすことを公的に警告しました[4、5]。WHOは科学的証拠を取り纏め、2012年に「内分泌撹乱化学物質の科学の現状」を公表し、環境ホルモンが子どもの発達や生態系に重大な影響を及ぼすと警告しました[6、7]。

とりわけ子どもへの環境ホルモンの悪影響は、重大視されています。大人では体の恒常性を維持する機構が備わっているので、内分泌系が環境ホルモンで撹乱されても甚大な異常は起こりづらいのですが、感受性の高い胎児や発達期の子ども、卵子や精子などの生殖細胞では異常が起こりやすいのです。口絵1には、各臓器の感受性期を示し、口絵2には発達期の曝露により、発症する可能性のある疾患を示しました（WHO資料より[6]）。これらの疾患の全てにおいて、環境ホルモン曝露との因果関係が科学的に十分立証されたわけではありませんが、動物実験や疫学研究から、疾患との関連性が強く示唆されてきています。私たちの体のなかのホルモンは、もともとごく低用量で体の調節を担っています。ですから、環境ホルモン物質はごく低用量でも子どもたち、そして未来の子どもたちにも続く健康障害を起こす可能性があるので、十分注意が必要です（詳細は2・3・5章参照）。

さらに近年、国内外で自閉症やADHDなど脳に何等かの発達障害をもつ子どもが増え、脳の成長期に発達神経毒性をもつ人工化学物質が注目されてきました。自閉症など発達障害は、当初遺伝性が強いと言われていました。しかし膨大な研究が行われた結果、遺伝要因も関係しますが、環境要因がより大きいことが明らかとなり（4章コラム4）、有害な環境化学物質に関心が集まったのです。「はじめに」でもふれたように、2010年頃から有機リン系農薬が脳の発達に悪影響を及ぼすという研究報告があいついで発表され、米国小児科学会は2012年、「農薬曝露は子どもの脳の発達に悪影響を及ぼす」ことを公的に警告しました[8]。米国内分泌学会の2015年の公的勧告では、脳発達に悪影響を及ぼす環境化学物質として、環境ホルモンや有機リン系殺虫剤など農薬についても言及しています[5]。発達期の脳は、様々な生理化学物質が複雑精緻に調整されてできていくため、外界からの化学物質の侵入に影響を受けやすいのです。殺虫剤など農薬、PCBやダイオキシン、環境ホルモン、重金属などが脳発達に悪影響を及ぼすことが報告されています（2・4・5章参照）。

また、これほど多種類の環境化学物質が検出されているのですから、複合的な影響を起こさないのか気になります。残念ながら現在のところ、複合曝露影響に関する情報はなく、ほとんど調べられていません。複合影響を調べる動物実験は、あまりに膨大な組み合わせ数となり、設定しにくいのが現状です。2、3種類の環境化学物質による複合曝露実験で、その影響が加算されるのではなく、積算される場合（相乗効果）がいくつか報告されています。化学物質の組合わせによっては、影響を打ち消しあう相殺効果が起こるかもしれません。しかし、実際に何が起こるかは未知の領域で、まさに人体実験が進行していると言えるでしょう。

■コラム2：問題のある化学物質の法規制

化学物質の規制については様々な法律があります。図1-1（経済産業省の資料[16]、以下経産省）にその法律の一部を示しました。消費者が日常、曝露する可能性のある化学物質は多種多様にあります

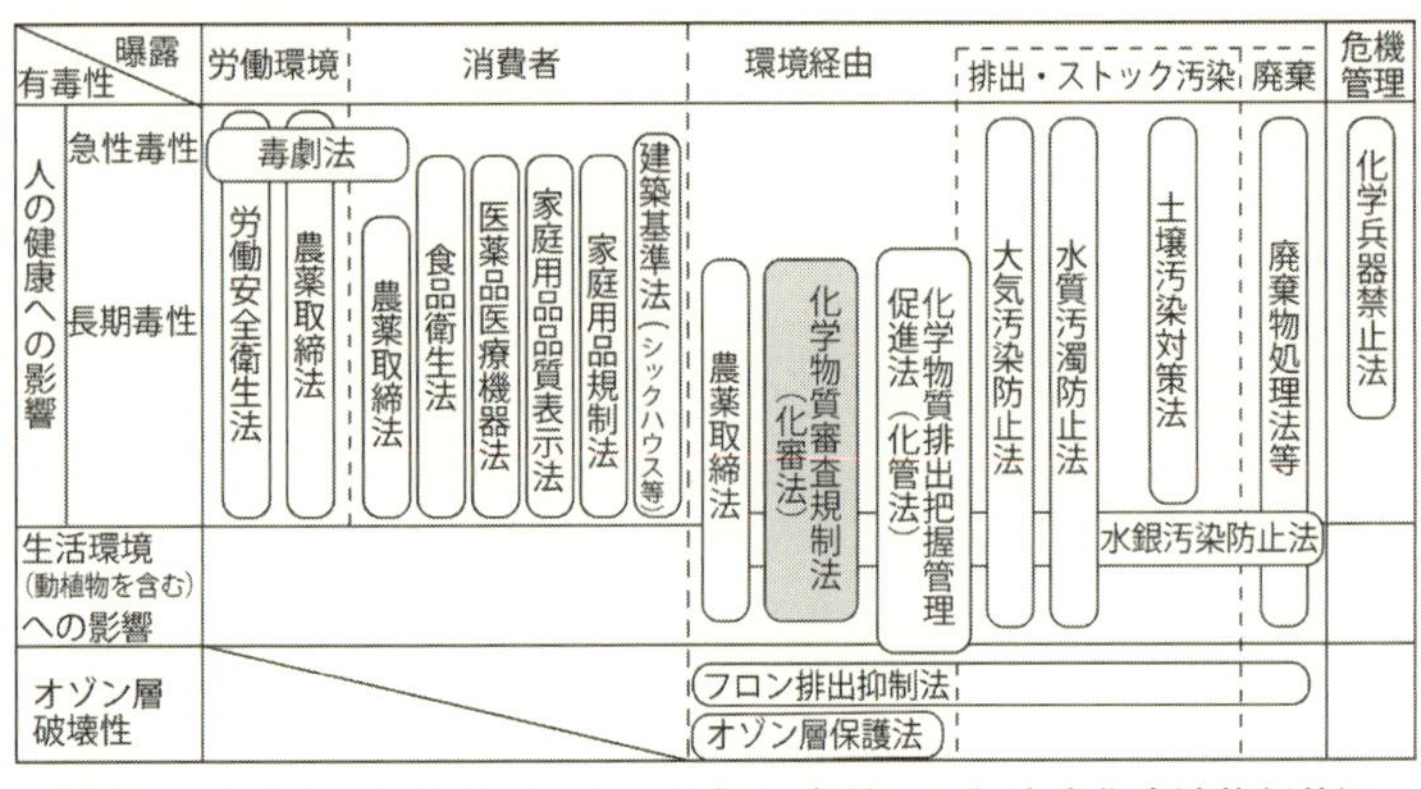

図 1-1　日本の化学物質管理法（平成 27 年第一回経産省化審法施行状況検討会資料より）[16]

が、その中に含まれる有害化学物質は、図1-1のとおり用途・経路別に縦割りの異なる法規制で管理されています。例えば、農産物の防除に使用される農薬は農薬取締法（農林水産省、以下農水省）、食品の残留農薬の基準や食品添加物、食品の容器包装などは食品衛生法（厚労省）、医薬品や化粧品、家庭用殺虫剤などは医薬品医療機器法（厚労省）、衣料品や住宅用洗剤など日常使うほとんどの物は家庭用品規制法（厚労省）、家庭用品に含まれる化学物質の表示は家庭用品品質表示法（消費者庁、経産省）などで規制されています。これだけ多くの法律があるのだから安全と思われるかもしれませんが、実際には多くの問題があります。

　第一に、法規制が各省庁管理下の縦割りとなっていて、全体を包括する法規制がないため、消費者が同じ化学物質を規制の異なる経路で曝露しても総曝露量は問題にならず、実質上管理ができていません。例えば殺虫剤は、農産物の防除では農薬取締法で管理され、食品中の残留農薬は食品衛生法で規制されています。同じ成分でも家庭用殺虫剤は医薬品医療機器法で管理されます。同じ殺虫剤を住宅のシロアリ駆除で床下などで使う場合がありますが、これはどの法律も適用されません。さらに消費者が違う経路で曝露したとしても、総曝露量として規制する法律はありません。実際にピレスロイド系、ネオニコチノイド系殺虫剤などは、農産物の残留農薬以外に、家庭用殺虫剤、ガーデニング用殺虫剤、ペット用蚤・虱駆除剤、住宅のシロアリ駆除剤など、日常的に多肢に渡る用途の製品使用に伴って曝露されていることが問題になっています。有害な化学物質の曝露管理については、一貫性のある包括的な法規制が必要であることはいうまでもありませんが、ほど遠いのが現状です。

第二に、家庭用品に含まれる化学物質について、あらかじめ健康や環境への悪影響がないか、確認した上で販売されていると思われがちですが、実際にはそのような事前審査制度は現在の法律では存在しません。例えば、最近クレームが急増している芳香剤や柔軟剤などに含まれる香料は、業界の自主規制しかありません。家庭用品についても、医薬品や農薬同様、事前に毒性試験を必須とする審査制度を導入するか、食品添加物のようにポジティブ・リスト制（許可するものをリスト化し、それ以外は原則禁止にする制度）とする法規制が必要です。家庭用品規制法では、家庭用品に使用される有害化学物質を指定し、含有量や含有濃度の基準を決めていますが、有害とされる指定物質はわずか21種にとどまっており、数万~10万種ともいわれる化学物質数からするとあまりにも少数です。

第三に、登録に毒性試験が義務付けられている農薬では、試験項目に発達神経毒性や内分泌撹乱（環境ホルモン）作用、次世代影響（子どもたちの世代になって初めて障害が出る影響）など近年になって判明してきた新しい毒性試験は入っておらず、複合曝露の影響も全く調べられていません。

第四に、有害な環境化学物質の曝露で、一番懸念される脆弱な胎児や子どもへの影響については、特別な法規制がありません。発達期は化学物質に対して一番影響を受けやすい時期ですから、子どもの健康に関わることは、予防原則（注）に基づく特別な法規制と対策が必要です。

（注）予防原則：自然科学では、以前ははっきりした実証が原則となっていました。しかし地球温暖化のように厳密な実証がなされるには何年かかるか分からない問題では手遅れになるので、信頼すべき証拠がいくつか出た

表1-2　同一の化学物質についての法律ごとの表記の違い [17] より

製品の種類	規制法	表記
洗濯用洗剤	家庭用品品質表示法	アルキル硫酸エステルナトリウム
歯磨き粉	医薬品医療機器法	ラウリル硫酸ナトリウム
化粧品	医薬品医療機器法	ラウリル硫酸 Na
	化学物質排出管理促進法（PRTR 法）	ドデシル硫酸ナトリウム

時点で、予防原則を適用して実際の対策が実施されるようになりました。ＥＵは有害な化学物質の対策でも予防原則の立場をとっています。

第五に、化学物質の表示に問題があります。家庭用品の表示は、家庭用品品質表示法で義務づけられていますが、義務づけの対象となる家庭用品が限られている上に、対象となっているものでも表示されるのは品質に関するものだけで、すべての化学物質の表示は義務づけられていません。例えばプラスチックの哺乳瓶では、材料の種類は義務付けられていますが、成分の義務づけはないので、プラスチックの合成に必要な可塑剤など何が使われているか分かりません。可塑剤は、環境ホルモン作用が確認されているフタル酸エステルなどがよく使われるので、気になるところです。また、多用されている芳香・消臭剤は表示義務の対象となっておらず、自主表示に留まっているため、例えば「除菌成分（有機系）、香料、トウモロコシ由来消臭成分」とだけ記載されているので、何の化学物質が入っているのか分からない製品もあります。消費者の正当な選択権として、正確な成分表示が必要です。

化学物質の表記も、法律が縦割りとなっている弊害から統一されておらず、同じ成分でも異なる表記で示されることがあります。例えば、表1-2［17］は同一の界面活性剤の製品ごとの表記ですが、表記がこのように異なるので、同じ化学物質なのか分かりません。この界面活性剤の原体は人間への毒性・刺激性が強く、薄めた状態でも水生動物に有害であることから、排出量を管理するＰＲＴＲ法の第一種指定化学物質に規定されています。洗剤や歯磨き粉、化粧品に使用されている濃度が低いといっても私たちが日常使っている家庭用品に、何が入っているのか正確に知る必要があります。

さらに国連で、ＧＨＳと呼ばれる化学品の分類および表示に関する世界共通の表記法が２００５年より提唱されており、有毒なものにはドクロ・マーク、可燃性・引火性には炎、水性環境への有害性は死んだ魚などで表示され、図化されていて分かりやすいが、日本ではごく一部にしか使用されていません。

現実には、家庭用品中の化学物質による事故は、厚労省の報告では平成２７年度で１６１７件あると報告されています。これらの事故は、家庭用品に係わる皮膚障害、小児の誤飲事故、吸入事故などをまとめたものですが、吸入事故では毎年１０００件以上発生しており、もっとも多いのが家庭用殺虫剤、それ以外に住宅洗浄剤、漂白剤、芳香・消臭・脱臭剤、防水スプレー、除菌剤、洗剤、園芸用殺虫・殺菌剤などによるものと報告されています。これらの事故は急性毒性の例で、「直ちに」影響の出ない慢性毒性や遅発性毒性については、全く調べられていません。

●食品の安全基準値ＡＤＩ（一日摂取許容量）

農薬や食品添加物では、ある化学物質を、人が一生にわたって毎日摂取し続けても、健康上の問題が生じないとされる量をＡＤＩ（一日摂取許容量）[18]として、急性毒性、慢性毒性、発がん性、催奇形性試験などの試験結果に基づいて算定しています。算定には、毒性が検出された試験結果から、毒性（悪影響）が見られなくなる無毒性量を決め、安全係数１００（動物種の違い１０倍に個人差１０倍をかけた値）で割った値をＡＤＩとしていますが、安全係数１００では安全が確保できない例もあるので注意が必要です。

重篤な奇形を起こしたサリドマイドや水俣病の原因物質であるメチル水銀などは、マウスやラットを使った動物実験で毒性は検出されませんでした。またダイオキシンの毒性は種による違いが大きく、半数致死量でモルモット（雄）は0・6μg／kg、ハムスター（雄）は5000μg／kgと、8000倍もの違いがあります。さらにダイオキシンでは、ハムスターの胎仔に対し成獣の約1000倍も致死毒性が増すので、このような物質では子どもと大人のADIを別に設定する必要があります。

また感受性の高い発達期の子どもには、影響の大きい環境ホルモン作用や発達神経毒性、多種類の化学物質の複合曝露の検査が必要ですが、農薬や食品添加物のADIを決める毒性試験に含まれていないことに留意しておく必要があります。

3. 農薬や環境化学物質による自然破壊

日本国内では、環境省が各地の環境中のダイオキシンなど残留性有機汚染物質類や環境化学物質について検査を続けており、環境省のHPから情報を見ることができます。平成27年度のダイオキシンの調査（平成29年発表）[19]では、大気、土壌、地下水中からは環境基準を上回る値は出ませんでしたが、公共水域（河川や港など）では水質や底質からは基準値を超える地点がありました。水質では、1491地点中23か所で基準値を超え、最高値4・9pg-TEQ／L（基準値1pg-TEQ／L以下）でした。、底質では、1232地点中3か所で基準値を超え、1100pg-TEQ／g（基準値150pg-TEQ／g以下）でした。ダイオキシンの新たな排出量では、口絵3Aに示すように、平成11年より高温処理の焼却場が整備されたため、焼却場が不備だった頃より、ダイオキシン量の排出量は減少傾向を示し成果が見られています。しかし口絵3Bの国民の推定摂取量では横ばい状態が続いており、環境中に放出されたものが未だに残留していると考えられます。ＰＣＢや有機塩素系農薬についても調査が行われており、こちらも環境中では減少傾向がみられるものがありますが、魚類の調査ではあまり下がっていない物もあり、難分解性蓄積性物質の生物濃縮が未だに起こり続けていると考えられます。平成１０年の結果では魚類の総ＰＣＢ濃度は０・０１～０・２９μｇ／ｇ（湿重量）、検出頻度は７０検体中３９検体、平成２７年度では魚類の総ＰＣＢ濃度は０・００１～０．１８μｇ／ｇ（湿重量）、検出頻度は２３検体中２３検体でした。検出方法の精度が上がったこともありますが、現在でも調べた魚全てから検出されています[20]。

また残留性有機汚染物質類の環境汚染は、生産、使用した欧米や日本など当該国にとどまらず、全く使用していない国や地域にまで、世界中に広がってしまったことが分かっています。散布された農薬は大気中に拡散して気流に乗り、都市や工場などから流れ込んだ河川の汚染水も海流と共に流され、北極や南極までが汚染されてしまったのです。特に気流や海流の関係で北極での汚染はひどく、海水中の残留性有機汚染物質類は脂溶性で脂に溜まりやすく、プランクトン、小型魚類、大型魚類、大型哺乳類と生物濃縮をした結果、ホッキョクグマやアザラシでは高濃度の汚染が確認され、生殖器の奇形や免疫系の低下などが報告されています。

高濃度の汚染は、野生動物を主たる食糧とするイヌイットや北極地の住人でも同様に起こりました。２０１７年に発表された論文では、ＰＣＢや有機塩素系農薬の曝露が高いイヌイットや北極地の子どもで脳の発達に障害が出たり、血中の残留性有機汚染物質が高いイヌイットの女性で乳がんの頻度が高いと報告されています[21、22]。２０１７年に開催されたダイオキシン国際会議でも、いまだに北極や南極における残留性有機汚染物質汚染に関わる演題が、５８０題中２３題発表され、継続している汚染について討議されています[23]。

残留性有機汚染物質類は２００１年にストックホルム条約が採決され、２０１５年には日本を含む１７８カ国とＥＵが締結して、多くの物が生産禁止・規制され現在ある物質には管理規制が施行されるようになり、日本でもＰＣＢ廃棄物などは環境中に出ないよう管理されています。しかし環境中に放出されてしまった残留性有機汚染物質類の回収は難しく、さらに後から開発された有機フッ素化合物など毒性や汚染が分かってから、新たに残留性有機汚染物質類に入ったものもあり、まだまだ問題は解決していません。また極地では、地球温暖化により氷が解け、氷に含まれていた残留性有機汚染物質類が大気中に溶け出してきているという報告も出ています。２０１７年の論文では、深海１万メートルのマリアナ海溝に生存するエビ類に、高濃度のＰＣＢ汚染が見つかったと報告されました[24]。

地球温暖化も、この半世紀に重大化してきました。ここ数年来、日本各地、世界各地で起きている異常気象による災害は、地球温暖化が原因と考えられ、被害が甚大で深刻な事態となっています。地球温暖化の主原因は、人間活動による温室効果ガスの増加である可能性が極めて高いと考えられています。地球温暖化については本書で詳しくは触れませんが、ここでも人間が作り出し後からその危険性に気付いた化学物質、フロンガスが関わっていることは見逃せません。フロンガスは１９２０年代に開発され、安定性から「夢の化学物質」とされて冷蔵庫や車などで多用されましたが、１９７０年頃にフロンガスがオゾン層の破壊や地球温暖化を引き起こしていることが分かり、1985年にようやく製造中止となりました。その後、オゾン層を破壊しない代替フロンが使われましたが、この代替フロンは地球温暖化を起こす効果が極めて高く、二酸化炭素の128〜14800倍もの温室効果があることが後から分かり、生産の大幅な削減が国際レベルで目標となりました。1990年代にフロンガスの回収が義務づけられ、ノンフロン化が進められてきていますが、2017年12月の環境省の報告では、すでに使われた代替フロンの漏出がまだ問題になっています。（フロンについて、詳しくは環境省HP［25］）

4．プラスチックによる人体汚染と環境汚染

プラスチックも環境汚染の大きな原因となっています。石油を原料としたプラスチックが最初に作られたのは1868年アメリカですが、大量生産が始まったのは1950年以降です。便利なプラスチックは世界中で大量に生産されてきましたが、使い捨てにされているプラスチックゴミが海洋を漂い、海洋生物がこれを食べて物理的に消化管が詰まって死ぬケースが以前から報告されていました。放置されたプラスチック類は、紫外線などにより小さな粒子のマイクロプラスチック（注）となり、深刻な海の汚染を引き起こしていることが近年大きな問題となってきています。

（注）マイクロプラスチックの定義は、アメリカ海洋大気庁（ＮＯＡＡ）が開いた2008年の国際会議で、プラ

スチック製品が微粒子となった状態を指し、5mm以下といわれています。形状は、球状から繊維状まで様々です。

ペットボトルやプラスチック製品は形のある物だと海に浮かび、波とともに浜に打ち上げられます。太陽光や熱によりもろくなって砕け、小さな粒子となったマイクロプラスチックは海水中で浮き上がりにくく、遠く沖合に広がってゆくのです（口絵4）。2014年、日本近辺の海洋はもとより南極海を含む世界中の海洋で、推定でマイクロプラスチック約5～50兆個が漂っており、さらに年々増え続けていると言われています[26ab]。世界各地の魚の体内からもマイクロプラスチックが見つかっており、2016年には東京湾で捕れたカタクチイワシの8割からマイクロプラスチックが見つかったと報告されました[27]。マイクロプラスチックを食べる動物プランクトンが見つかっていますが、プラスチックは消化されず、プランクトンを食べる小魚、それを食べる中型の魚、次の大型の魚、その上位の動物や人間という具合に、マイクロプラスチックの食物連鎖が起こり、ここでも人間が引き起こした負の連鎖が始まっています。

プラスチックの素材は、もともと環境ホルモン作用のあるノニルフェノールやフタル酸エステルなどを含んでいます。その上マイクロプラスチックは、有機塩素系農薬、PCBなど有害な海洋汚染物質を吸着しやすく、海水中の数万倍から百万倍の濃度に濃縮することがわかっています。東京農工大・高田秀重の研究では、マイクロプラスチックを含む魚などを食べた鳥の体内で、PCBなどの有害化学物質が鳥の脂肪に移行することが確認されています[28]。これは人間でも同様に起こっていることでしょう。２０１７年には、日本を含む世界各国の海塩[29]や水道水[30]にマイクロプラスチックが検出されたと報告されており、現在私たちは多様な経路からマイクロプラスチックを取り込んでいるのです。マイクロプラスチック摂取による人間の健康への影響は未解明ですが、長期慢性影響が懸念されます。さらに、マイクロプラスチックより小さなナノ粒子レベルになると、生物は排出できずに蓄積させ（8章3節参照）、予測できない環境破壊や人間の健康障害を起こす可能性を指摘する研究者もいます。

経済の国際機関である世界経済フォーラムは、２０１６年にプラスチック汚染に関する驚くべき報告を発表しました[31]。それによると、世界で製造されるプラスチックの年間生産量は２０５０年までに推計１１億２４００万トンへと現在の3倍に増える見通しで、現在のように生産量のほぼ３３％が自然界に放出して海洋ゴミとなると、重量換算では海のプラスチックゴミの量は魚の量を超えるというものでした。

同フォーラムでは、プラスチックは回収されてリサイクルされる割合が現在１４％と低いので、今後は回収とリサイクル、再生可能容器の利用、ゴミ分別収集のインフラ整備、自然界への流出防止などを進めるよう勧告をだしています。しかし、もともとプラスチックは資源の限られた石油を原料とし、様々な添加剤や染色剤など有害な合成化学物質が加えられ、複雑な成分からなるため、効率の良いリサイクルは難しいのが現状です。

２０１７年の国際学術誌では、人間がこれまでに生産してきたプラスチックは累積量８３億トンで、その76%が廃棄され、廃棄中リサイクルに回されたのはたった9%、焼却されたものが12%、ゴミ埋立地や環境中にゴミとして廃棄されたものが79%と、世界経済フォーラムの計測より約2倍多い約70%が環境中のゴミになってきたと報告しました[32]。さらに、このままの状態が続くと2050年には累積約120億トンものプラスチックがゴミとして廃棄され、環境汚染を起こすと警告し、プラスチックの大量使用を考え直すべきと提言しています。83億トンをエンパイアステートビルの重量で計算すると、ビル2万5千個分になるというのですからすさまじい量です。

日本では、プラスチックゴミは分別回収してリサイクルにまわすか、可燃ゴミとして焼却していますが、国内でも環境中に放置されることもありがちです。リサイクルといっても、大部分はサーマルリサイクルとして燃やしてゴミ発電に使用されており[33]、CO2排出量が多く地球温暖化を促進しているといわれています。ペットボトルについては、別回収してリサイクルが進んでいますが、収集・運搬のコストも入れると、利益よりもリサイクルにかかる費用の方が大きいことが明らかとなっています。いずれにせよ、限られた石油資源を原料にしたプラスチックの大量消費は問題です。

マイクロプラスチックを生み出す物としては、一見してプラスチックと分からない物もあります。洗顔剤や歯磨きに入っているぶつぶつした粒が、プラスチックを原料としたマイクロビーズ（スクラブ）で、排水とともに河川を汚染することがわかり、欧米では近年化粧品などへの使用は禁止されてきています。一方日本では2016年になってようやく化粧品会社が自主規制を発表しました。他にもフリースなどの化学繊維は、一着一回洗濯すると排水にマイクロプラスチック・ファイバーが一度に約1000本出てくるという研究報告があります[34]。メラミンフォームスポンジは洗剤を使わないので環境に良いようにも見えますが、使用して削れていくうちにマイクロプラスチックが出て、排水に流れ海洋汚染につながることも分かっています。

私たちの身の回りを見回しても、ペットボトルや使い捨てプラスチック容器のお弁当、肉や魚のトレイなど、プラスチック製品が溢れています。便利とはいえ、環境汚染の原因となるプラスチックは明らかに使い過ぎです。今のうちに発生源から歯止めをつけないと、取り返しのつかない海洋汚染を引き起こすことになってしまいます。現代でプラスチックを全く使用しない生活は難しいかもしれませんが、安易なプラスチックの大量消費を減らしていくことが必要です。近い将来には、プラスチックでないと作ることが難しい物に使用を制限し、その場合でも微生物が分解できる生分解性プラスチックを使用するなど、世界レベルでの規制が必要でしょう。

世界では、使い捨てプラスチックを減らす取組が進んでいます。国連環境計画（UNEP）では、2017年2月に海洋プラスチックごみの削減キャンペーンを開始し、2022年までに化粧品のマイクロプラスチックをなくし、使い捨てプラスチックの削減を呼びかけました[35]。このキャンペーンに10か国がすでに参加を表明し、インドネシア、ウルグアイ、コスタリカなどで、プラスチックごみ削減の取組が始まっています。フランスでは2017年、使い捨てプラスチック食器をすべて禁止する法律を決め、2020年より実施すると発表しました。次いで2018年には、EUが2030年までにプラスチック包装材を全て再生可能なものとし、使い捨てプラスチックも段階的に廃止することを表明し、台湾でも２０３０年までに使い捨てプラスチックの廃止を発表しています。

２０１７年６月の国連海洋会議では、海洋の持続可能性のための宣言が採択されました[36]。宣言は、プラスチック汚染を防ぐため、使い捨てプラスチックの削減を各国に求めるもので、国際社会が協力して取り組む姿勢が示されました。市民がプラスチック汚染の低減のために、すぐにできることとして、３Ｒ（Ｒｅｄｕｃｅ削減、Ｒｅｕｓｅ再使用、Ｒｅｃｙｃｌｅリサイクル）が提唱されています。まず、プラスチックの「削減」を第一に優先し、次に「再使用」、「リサイクル」を進めようというものです。

日本でもプラスチックの使用を減らすことが求められていますが、具体的な政策では遅れを取っています。国レベルでの取組を実施させるよう働きかけるとともに、私たちも使い捨てプラスチック食器やレジ袋は使わないなど、３Ｒの運動を推進しましょう。

地球の約４分の３の面積を占める海は、最初の生命が生まれた母体であり、今も多くの生き物が生息している大事な地球環境です。世界自然保護基金（ＷＷＦ）は２０１５年の報告書で、海に生息する哺乳類、鳥類、爬虫類、魚類などの個体数が１９７０年から２０１２年にかけての４０年あまりでほぼ半減したと指摘しました[37]。原因は人間の乱獲や地球温暖化、さらに上述したプラスチックゴミのために死んだ生き物も無視できないといわれています。日本人の好きなマグロ、特にクロマグロ（本マグロ）も絶滅危惧種となっており、地球規模で環境を維持していくことが緊急に必要です。

こうみてくると、人間が作り出した合成化学物質には、当初は便利で安全と大量に使い、後から深刻な被害に気付くことが、一度や二度ならず度々あり、現在も多くの問題を抱えていることに愕然とします。

5．福島原発事故の負の遺産

２０１１年3月１１日に起こった東日本大震災は、地震だけでなく津波による大被害、さらにチェルノブイリ原発事故に匹敵する福島原発事故が起こり、深刻な放射性物質による汚染が広がってしまいました。特にチェルノブイリと異なり、世界に繋がる太平洋に大量の放射性物質を放出し、取り返しのつかない海洋汚染を起こしてしまったことは重大な問題です。地下水の侵入を防ぐための凍土壁は、２０１７年１１月初めにほぼ完成したと報道されましたが、もともとすべての浸水を防ぐことは想定されておらず、汚染水の問題も解決していません。

東京電力ホールディングスの発表[38]によると、福島原発港湾内の魚類の放射性物質は、半減期が３０年のセシウム１３７で、２０１６年7月２２日付でシロメバルに８８００ベクレル／ｋｇ（基準値は１００ベクレル／ｋｇ）、２０１７年1月１９日付けでシロメバルに７１００ベクレル／ｋｇが検出されています。さらに２０１７年1月、原発から2キロメートル沖で採取されたクロダイでは、内部被曝の影響が懸念されるストロンチウム９０が３０ベクレル／ｋｇ検出されました。東電の報告では、クロダイは出荷制限に指定されており、濃度も低いので問題なしとしていますが、ストロンチウムの分析は限られた数しか行われておらず、実際の汚染が懸念されます。半減期２９年のストロンチウム90は体内に取り込まれると骨に集積しやすく、子どもが内部被曝した場合は特に危険です。東京湾でも放射性物質による汚染が報告されており、海上保安庁が2016年に海水中のセシウムを調べた結果では、表面海水で3・1ミリベクレル／kg（伊勢湾、大阪湾ではそれぞれ1・7、2・1ミリベクレル／kg）と仙台湾の4・1ミリベクレル／kgに次ぐ値となっています[39]。

海以外でも、放射性物質の除去作業を行った農地の作物類は確かに安全になってきましたが、野生の山菜やキノコ類、イノシシなどの野生生物では未だに高濃度の汚染が続いています[40、41]。長野県ですら場所によっては2017年になっても、コシアブラに100ベクレル／kg以上のセシウムが検出されました。山菜の中でもコシアブラはセシウムを吸収しやすい性質があり、林野庁によると、コシアブラは空間線量率が0・2マイクロシーベルト／時間以上の場所では、強く汚染されている可能性があると記載されています。

空間放射線量のデータは文部科学省の外部サイト[42]が公開しており、2016年のデータでは2011年より徐々に減少しているとはいえ（口絵5）、福島第一原発周辺は3・8〜9・5マイクロシーベルト／時間と高く、0・2マイクロシーベルト／時間以上の地域がかなり広範囲かつモザイク状に広がっています。事故から5年以上経っても、いまだに高線量汚染地域や0・2マイクロシーベルト／時間以上の地域が広いことを、私たちは忘れてはいけないのではないでしょうか。また空間線量の測定に用いられているモニタリングポストのデータは、地表1メートルを基準として換算されていますが、地表1メートル以下の地面に近い位置の方が放射線による被曝の程度は高いので、実際の空間線量はもっと高くなると考えられます。さらに放射性セシウムはガンマ線とベータ線の2種類の放射線をだしますが、計測されているのはガンマ線のみで（10章参照）、破壊力の強いベータ線は計測困難として、推定値としても入れられていないのが現状です。

また原発事故から6年以上経過した現在、大量の放射性廃棄物の処理が問題になってきています。10万ベクレル／kgを超える高線量の放射性指定廃棄物は、遮断型構造の貯蔵庫に保管される予定、8000ベクレル／kg超～10万ベクレル／kg以下の放射性指定廃棄物は、管理型処分場で特別な方法で処分と予定されていますが[43a]、どちらも実現は未定です。さらに原発事故以前、指定解除の基準が100ベクレル／kg以下だったのに、原発事故後にはその「80倍」の8000ベクレル／kg以下の放射性廃棄物は「従来と同様の方法により安全に焼却したり埋立処分したりすることができる」（環境省資料より）として指定から外れ、現在全国で焼却処分や埋め立てが進んでいるのですが、これは放射性物質の汚染を全国に広げる重大な問題です。放射線の低線量被曝や微粒子放射性物質の安全性は科学的にも立証されておらず、8000ベクレル／kg以下なら安全という保障は全くありません。

ことにゴミ処理場で焼却処理が進められた場合、焼却灰はコンクリートなどで固化するとしていますが、セシウムは気化しやすく、焼却されると放射性セシウム137がガス化、微粒子化して大気中に放出される可能性が高いのです。環境省は焼却場のバグフィルターで放射性セシウムがほとんど除去できるとしていますが、琉球大学名誉教授・矢ケ崎克馬はフィルターを通過する危険性を指摘しています[43b]。10章で詳しく書きますが、大気中の微粒子放射性物質が体内に取り込まれると、内部被曝を起こし、重大な健康障害を起こす可能性が高いのです。

さらに、福島第一原発周辺の避難地域では、除染が進んだとして、避難指示が解除されている地域が増えてきていますが、その際の基準が20ミリシーベルト／年以下と、一般公衆の年間線量限度である1ミリシーベルト／年のなんと20倍です。事故直後に避難基準として、20ミリシーベルト／年に設定されたのも問題ですが、その際には政府の専門部会から10ミリシーベルト、5ミリシーベルトと段階的に下げていく提言がなされた経緯は、現在無視されています。

チェルノブイリ原発事故の際の避難基準は、事故直後では100ミリシーベルト／年以上が強制避難と高かったのですが、順次下げてゆき、事故から6年後には5ミリシーベルト／年以上で強制避難、1～5ミリシーベルト／年が選択的避難とされました。しかもチェルノブイリでは外部被曝に加え内部被曝を計算に入れているので、実際はもっと小さい数値以下で避難となります。一方、日本では事故から6年以上経ったというのに、20ミリシーベルト／年以下が相変わらず避難基準となっており、この基準は外部被曝だけで内部被曝を考慮に入れていません。

実際、福島原発周辺の空間線量と避難解除地区の情報を、日本原子力開発機構のデータ[42]から見ると、2016年11月時点での空間線量が1・9～3・8マイクロシーベルト／時間と高い地域も一部解除になっており、一日24時間、一年365日で単純計算をすると16・7～33・3ミリシーベルト／年となり20ミリシーベルト／年を超える可能性があります。また子どもの甲状腺がん発症の報告も出ており、今後継続した健康調査が必須であるのは当然なのに、甲状腺検査は不安を大きくすると検査の縮小論まで出ているのは問題です。

チェルノブイリ事故後の調査研究からは、被曝次世代の子どもたちに、発がんだけでなく、免疫系の異常、心臓疾患、脳の発達障害など、多様な健康障害が報告されています。放射線による被曝で特定の組織のＤＮＡが損傷すると、発がんに至らない場合でも障害が起こることが科学的にも分かってきました。急増している自閉症の約１０％では、親の遺伝子ＤＮＡは正常でも、子どもだけ特定の遺伝子変異が見られる場合があります。その原因は、子どもの発達過程で放射線や遺伝毒性のある化学物質により、ＤＮＡに異常が起こったためと考えられるのです。

放射線の健康影響について、ことに低線量長期被曝の影響については、疫学も動物実験も不十分で、どれだけ危険か科学的に明らかになっていないのですから、福島原発事故についてもしっかり必要な調査を継続していくことが肝要です。また大阪大学・野村大成の研究では、低線量の放射線と低用量の発がん物質に同時に曝露すると、一方だけでは発がんしないのに、発がん性が数倍上がるという動物実験もあり[44]、放射線と環境化学物質の複合影響も懸念されます。（10章参照）

■コラム３：避難解除の放射線の線量限度は高すぎる

福島の避難解除区域の放射線の線量限度は、企業や大学などで放射性物質を使う場合に規定されている放射線管理区域の限度よりも高いのです。放射性物質は化学実験などで用いると高い感度で検出されるため、実験研究に広く用いられてきました。筆者自身、放射性物質を実験に用いましたが、放射性物質を用いた実験は規制が厳しく、放射線についての講習会を受け、健康診断が義務付けられ、管理区域内では白衣や手袋などの着用は当然のことで、計測バッチを付けて被曝管理を行い、終了後も放射性物質の汚染がないか、厳重にチェックして行ってきました。

今の日本の法律では、放射線管理区域には関係者以外は立ち入り禁止、区域内の飲食は当然禁止、労働基準法で18歳未満の作業は禁止されています。そして、放射線業務従事者の被曝の実効線量の限度は100ミリシーベルト／5年ですから、実質的には20ミリシーベルト／年です。また放射線管理区域の境界は、3か月間で1・3ミリシーベルト、つまり1年間で5・2ミリシーベルト以下と規定され、これらを守らないと法律違反となるのです。この基準からすると、福島の避難解除の1年間で20ミリシーベルト以下なら構わないというのは、なんと国が法律違反を行っていることになるのです。そんなところに子どもも若い女性も帰って、24時間、365日を生活しろとは、どう考えてもおかしいではありませんか。放射線の人体影響は、高被曝の場合を除き、「直ち」に起こる影響ではなく、長い時間を経て起こるのです。ことにその影響は生殖系、胎児、子どもと次世代に大きくでることを、私たちは肝に銘じて、国の安全安心神話に騙されないよう、自分の頭で考える必要があります。

●放射線の単位と種類（詳細は専門書を参照[45]）

ベクレルBq：放射性物質が1秒間にどれぐらい放射線を出すかを示す単位、つまり放射能の強さを表します。

シーベルトSv：ヒトが放射線被曝したときの影響度を表す単位で、組織や臓器における放射線の影響や、放射性物質の種類やエネルギーによる違いを補正して計算し、全身について合算した線量です。実際の人体への影響は、急性被曝か慢性被曝か、全身か局所か、外部被爆か内部被曝かにより異なります。またアルファ線、ベータ線、ガンマ線は透過力が大きく異なるので、検出法も別の手段が必要です。

2章　人工化学物質の氾濫――環境汚染を教えてくれた三つの教訓

次に地球環境全体からこの約50-60年間に起こったことを見ていきたいと思います。1950年頃に始まった農薬など合成化学物質の生産は、種類は約10万種、生産量は10万トンを超えると言われています。種類といっても例えばPCBには異性体（塩素のつく位置や数が異なる）が209種（それぞれ毒性が異なる）もあるので、もっと種類が多いことになります。さらに元の合成化学物質が環境中や動植物体内でできた分解物・代謝物も複数あり性質も異なるので、すべての種類を数えると莫大な数になるのです。これらのほとんどは約60年前には存在しなかったものなのですから、人間の「力」はすさまじいものです。

もちろんこの中には重要な医薬品なども含まれており、人工化学物質のすべてを否定する訳では決してありません。また、自然にある天然の化学物質が安全なわけでもありません。カビは種類によって発がん性がとても高いものもありますし、天然毒である蛇毒やフグ毒、毒キノコは極めて高い毒性があります。しかし、これほど莫大な種類の合成化学物質が短期間に生産され多量に用いたことによって、人間や地球生態系に重大な悪影響を持つことが後になって分かってきた物質が少なくないことも事実です。この50‐60年に起こった3つの大きな人間の健康被害と自然破壊の歴史からみてみましょう。

1.『沈黙の春』の重大な警告

初期の合成農薬として使用されたのはDDTやBHCなどの有機塩素系農薬で、画期的な殺虫剤として欧米や日本で大量に使われました。代表的なDDTは1873年に初めて合成されましたが、使い始めたのは1944年、第二次世界大戦中の米軍でした。日本では戦後1945年以降、米軍によってもたらされ、BHCと共に多用されるようになりました。しかし、DDTやBHCは害虫を殺すだけでなく、益虫を含む昆虫、さらに鳥や野生動物までも殺し、生態系に大きな被害をもたらしました。繁殖の盛んな春になっても、昆虫や鳥が大量死して生き物の気配のしない不気味な静けさに、危機感を抱いた米国の女性生物学者レイチェル・カーソンは、1962年(日本語版1964年)に『沈黙の春』[46](日本語初版『生と死の妙薬』)にその具体的な被害事実を記載して、DDT、BHCなど有機塩素系農薬やPCBの危険性を世に警告しました。このまま大量のDDTやBHCを撒き続けると生態系が破壊され、人間にも発がんなど健康被害が起こり、取り返しのつかないことになると訴えました。『沈黙の春』は直ぐにベストセラーになりましたが、企業や保守層から猛批判を浴び、直ぐには受け入れられませんでした。当時の大統領ケネディが本に関心を持ち、ＤＤＴの毒性の調査を命じました。その結果、残留性や毒性が明らかとなり１９８０年頃に製造中止となったのです。これを契機に、農薬の毒性試験では、急性毒性だけでなく、発がん性、神経毒性などの試験が取り入れられるようになっていきました。

『沈黙の春』に記載されたＤＤＴの発がん性については、その後の研究から、国際がん研究機関の発がん性評価において比較的緩いグループ２Ｂの「人に対して発がん性が有るかもしれない物質」とされ、間違った指摘だったという評価もあります。しかしレイチェル・カーソンは、人間は自然の一部であり、地球環境を支配するのではなく調和していくことに、未来を切り開く道があり、真の喜びも得られるという考えを多くの人に気づかせたその功績は何よりも大きいと思います。ＤＤＴは最近の研究から、環境ホルモン作用が確認され、生態系に悪影響を及ぼし、人間の健康障害を起こすことも明らかとなっています。しかし残念なことにＤＤＴなど残留性有機汚染物質類は、１９７０〜８０年頃にほぼ生産停止されたにも関わらず、難分解性、蓄積性のため未だにその汚染が続いています。

『沈黙の春』には、有機リン系農薬の危険性についても記載されています。有機塩素系農薬がほぼ禁止になった頃から、比較的分解しやすい有機リン系農薬が主要な殺虫剤として使われるようになりましたが、もともとその開発・合成は古く、有機塩素系農薬と併行して使用されてきたのです。有機リン系殺虫剤の開発中に製造されたのが、類似構造を持つサリン、タブン、ＶＸガスなどの高毒性の毒ガスで、殺傷効果が高いために、極秘裏に軍需用とされました。ＶＸガスは、２０１７年北朝鮮の金正男の殺害に使用され、接触しただけで直ぐに死に至る急性毒性の強さに注目が集まりました。
有機リン系殺虫剤は、神経伝達物質アセチルコリンの分解酵素を阻害します。アセチルコリンを介した神経伝達系は昆虫だけでなく、人間でも末梢神経から中枢神経、さらには多様な臓器においても大変重要です。アセチルコリン系の重要性については、９章で詳しく説明しますが、有機リン系殺虫剤の標的であるアセチルコリン分解酵素は、昆虫と人間でもよく似ているため、人間にも急性毒性が強いのです。特に初期に多用された有機リン系パラチオンは、人間への毒性が強く事故も多かったため、１９７０年頃に農薬登録が失効して使用されなくなりました。その後、毒性が比較的弱い有機リン系農薬が多種類開発され、主要な殺虫剤として多量に使用されてきました。しかし有機リン系はアセチルコリン分解酵素阻害以外の毒性もあり、急性毒性だけではなく、慢性毒性や有機リン独特の遅発性神経毒性が問題になってきました。

北里大学・石川哲はすでに１９７８年、有機リンの慢性中毒について論文を出し警告しています[47]。有機リン系の慢性、遅発性の詳しい毒性メカニズムは未だに不明な点もありますが、鬱病など精神疾患との関わりや、化学物質過敏症発症とも関わることが専門家から指摘されています。

さらに最近では、低用量でも有機リン系殺虫剤に曝露した子どもは、ＩＱの低下、脳の発達の遅れ、ＡＤＨＤなど発達障害を起こしやすいなどの研究報告が増えています[3]。様々な人間への毒性報告から、ＥＵでは有機リン系殺虫剤はほぼ使用しておらず、米国でも使用を制限してきています。日本でも一時より使用量が減っていますが、未だに他の種類の殺虫剤を抜いて、有機リン系が一番多く使用され続けており、健康被害、特に子どもへの影響が懸念されます。

『沈黙の春』が話題になった時期、日本でも公害問題が大きな社会問題となってきて、4大公害病とよばれる水俣病（有機水銀中毒）、新潟水俣病、四日市ぜんそく（大気汚染）、イタイイタイ病（カドミウム汚染）も起こり、経済成長のみの施策に疑問が起こり、反公害運動など環境問題への関心も高まってきました。

合成洗剤による河川や海洋汚染も社会問題化しました[48]。石油を原料にした合成洗剤は天然の石鹸よりも洗浄力が高く、日本で初めて合成されたのは1937年ですが、普及したのは1960年頃からでした。初期の合成洗剤はABS（分岐アルキルベンゼンスルホン酸ナトリウム）という界面活性剤を含み、泡が消えにくく、水性動物や魚にも毒性がありました。また洗浄効果を上げるためにリン酸塩を含んでいたため、富栄養化によりプランクトンが大発生して赤潮を起こし、魚の鰓に詰まり、水中の酸素不足を起こすなどの重大な生態影響を起こしました。

その後、合成洗剤はABSよりは分解しやすいLAS（直鎖アルキルベンゼンスルホン酸）が使用され、リン酸塩も含まないものに変わっていきました。しかしLASも毒性や分解性が問題になり、現在、主流ではありません。現在使われている合成界面活性剤でも、コラム2に記載したようなアルキル硫酸エステルナトリウム（ドデシル硫酸ナトリウム）など、水性動物に有害性が確認されPRTR法の規制対象になっているものが多くあります。汚れを落とす界面活性剤は、生き物の基本である細胞膜成分を壊すので、生物に対し基本的に有害な性質を持っています。洗剤には分解性の高い石鹸など成分を確認してできるだけ少量使い、人間による環境負荷を減らしたいものです。

このように、初期の合成化学物質は多方面で環境問題、公害問題を起こしましたが、一応の対策はとられ、環境問題は一段落ついたかのように思えました。一方で、水俣病では当初からチッソが排出した水銀が原因と判断できたにも関わらず、それをもみ消そうとした御用学者もいて、その結果患者を多く出しました。さらに水俣病の患者認定にも問題があり、今日まで引きのばしていまだに解決していないことを、教訓として活かさねばなりません。

2.『奪われし未来』環境ホルモンは事実だった

十数年前、環境ホルモン問題がニュースをにぎわしたことを覚えている方も多いでしょう。米国の女性生物学者シーア・コルボーンらが1996年（日本語版1997年）に『奪われし未来』[49]を出版し、環境中にホルモンを撹乱する人工化学物質（環境ホルモン）が存在し、野生生物や人間にも影響が及ぶと警告しました。野生生物では、米国のピューマのオスに停留精巣が起こって不妊傾向が見られたり、ワニのペニスが縮小したり、カモメの生殖行動異常（メス同士のつがい）や卵の孵化率の低下が見られました。日本国内の巻貝イボニシでは、97カ所中94カ所でメスにオスの生殖器が見られ、個体数が減少したなど様々な報告があります。人間でも精子が減少しているという報告があったため、当時は連日ニュースになり、このままでは人間は大変なことになってしまうと大騒ぎでした。

１９９７年頃から約１０年、日本や欧米では環境ホルモンの研究に多額の公的資金が集まり、多くの研究者が参加して集中的に研究が行われました。ダイオキシン、ＰＣＢ、プラスチック素材のビスフェノールＡ（ＢＰＡ）やフタル酸エステル、農薬などの人工化学物質の環境ホルモン作用が調べられたのです。その結果、２００７年日本も参加したＷＨＯの国際会議で、環境中に内分泌を撹乱する化学物質（環境ホルモン）は実際に存在し、女性ホルモン、男性ホルモン、甲状腺ホルモンなどを撹乱する物質があると確認されました。会議で確認された重要なことは、環境ホルモンの曝露が発達期の子どもに重大な変化をもたらす可能性が高く、その影響は内分泌系だけでなく、脳神経系、免疫系にも及ぶ可能性があるということでした。一方で大騒ぎの元となった精子の減少など成人への影響は、影響あり／なし両方の報告が出て、当時直ぐには決着がつきませんでした。環境ホルモンの野生生物への影響では汚染の多い海や河川に棲む水系の動物には特に悪影響が認められ、今後の監視が必要だと確認されました。

ホルモンはもともと体内でごく低用量で作用する生理化学物質なので、環境ホルモンもごく低用量で影響が出ることが実験研究で証明されています。しかし、この低用量の効果は従来の化学物質の毒性の性質とは異なっているので、一般の理解が難しく、また「環境ホルモンは単なる空騒ぎ」という風潮が行きわたってしまい、日本では尻すぼみとなってしまいました。そのため、日本では１９９８年に環境省が、環境ホルモン作用の疑われる物質として６７物質を「環境ホルモン戦略計画ＳＰＥＥＤ’９８」に挙げたものの、残念なことに２００５年にはリストを取り下げてしまいました。しかし、これは大きな間違いでした。環境ホルモンの子どもの発達への影響について研究が進むにつれ、発達期に低用量でも曝露すると、成人になってから成人病になる確率が高くなったり、その影響が次世代、次々世代に起こったりなど、重大な報告が蓄積してきました。

環境ホルモンの影響により、野生動物の生殖異常だけでなく、人間でも男女ともに生殖細胞や生殖器官の異常が起こり、不妊が増えていると米国内分泌学会は２００９年、２０１５年に公式に警告を出し、ＷＨＯでも２０１２年に環境ホルモンは「世界的脅威」と位置付けました。ＥＵでは環境ホルモンの候補物質をプラスチック材料や農薬類などから多種類検討し、内分泌撹乱作用が確認された物質を実際に厳しく規制しようとしています（詳細は11章1節）。環境ホルモン曝露により発症増加が懸念されている生殖器官の疾病には、女性では不妊のリスクを上げる子宮内膜症、卵巣発達不全、子宮がん、卵巣がん、乳がん、男性では精子数減少、精子形成不全、停留精巣、尿道下烈、精巣がん、前立腺がんなどが挙げられており、日本でも増加傾向にある疾病が多いのです。

3．『ハチはなぜ大量死したのか』と浸透性農薬

問題が明らかとなったのは、１９９０年代半ばよりハチの大量死が欧米を中心に起こり、日本国内でもハチの大量死が確認されたことからでした。米国のジャーナリスト、ローワン・ジェイコブセンが２００８年（日本語版２００９年）に『ハチはなぜ大量死したのか』[50]を出版し、ハチ大量死の原因としてネオニコチノイド系農薬が話題になりました。ネオニコチノイドは「新しいニコチン」と

いう意味で、毒物ニコチンと似た化学構造をもつものが、農薬になるはずと、開発されたのです。（図2-1）。

浸透性農薬ネオニコチノイドは、毒性が問題となり使用が減少している有機リン系農薬の代替として開発され、1990年頃から使用が始まり、近年では世界中で多用されています。浸透性農薬は従来の農薬と異なり、水溶性なので撒いた植物の内部に浸透します。成長後も、植物の葉、茎、果実に農薬が浸透しているので、害虫がどこをかじっても殺虫効果があり、農家は楽になると多用されました。浸透性農薬としては、ネオニコチノイド系だけでなく、作用機序が異なるフィプロニルも多量に使われ、生態影響が問題となっています。（浸透性農薬については9章参照）

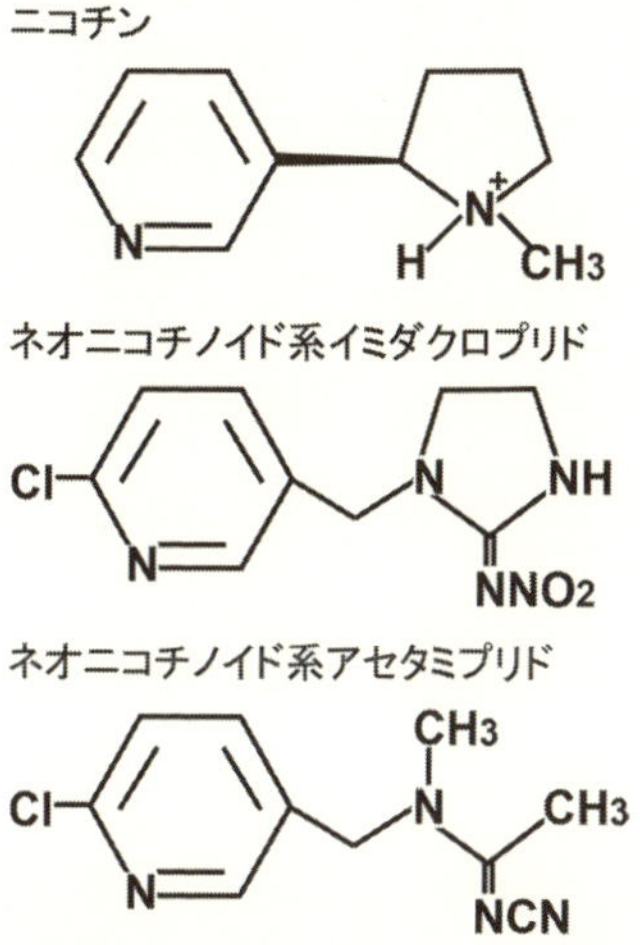

ニコチン

ネオニコチノイド系イミダクロプリド

ネオニコチノイド系アセタミプリド

図2-1　ニコチンとニコチン類似のネオニコチノイド系殺虫剤の化学構造

この頃からハチの大量死について研究が進み、2012年に著名な国際学術誌『サイエンス』と『ネイチャー』に相次いで掲載された3つの論文報告から、ネオニコチノイド曝露が大量死の要因であることに間違いはないと考えられるようになりました。ネオニコチノイド以外の要因としても、地球温暖化による生態系の変化、原虫やダニ、ウイルス感染症、遠距離を運ばれるストレス、有機リン系やピレスロイドなど他の殺虫剤なども、それぞれ複合的に作用して大量死が起こっていると考えられています。『サイエンス』には、低濃度のネオニコチノイド曝露でミツバチが行動異常をおこし，巣に帰れず死ぬ個体が増えること、ミツバチに近い社会性をもつマルハナバチで、低用量のネオニコチノイド曝露により女王バチが減少することが明らかとなりました。さらに同年国際学術誌『ネイチャー』にもマルハナバチが、ネオニコチノイド系とピレスロイド系農薬に曝露されると採蜜／採花粉行動がうまくいかず，巣に帰れず，群れは崩壊することが報告され，ネオニコチノイドやピレスロイドがミツバチ大量死をおこしていることが実験的に証明されたのです[51]。

日本でもミツバチ大量死は各地で報告され，実際に大量死したミツバチからネオニコチノイド系農薬が検出された例もあります。ネオニコチノイドには免疫毒性もあり、ミツバチの免疫系が弱くなって病原菌やウイルスに感染しやすくなることも報告されています。ネオニコチノイド系農薬7種の使用状況や海外、国内の被害例などは水野玲子著『新農薬ネオニコチノイドが日本を脅かす』[52]をご覧ください。

またハチだけでなく、身の回りにいたトンボ、チョウ、その他多様な昆虫類が急に減ってきたことを、多くの人が感じていました。車を走らせるとフロントガラスに当たる虫がたくさんいたのに、あの虫たちはどこにいってしまったのでしょう。いなくなったのは虫だけではありません。日本だけでなく欧米でも、他の無脊椎動物や鳥もその種類と数が激減しました。正確な数は分かりませんが、スズメ、ツバメなどの減少も目立ちます。もちろん、これらの生き物の減少が、ネオニコチノイドだけによって起こったのではなく、地球温暖化など様々な環境要因が関わっている可能性があります。しかし、ネオニコチノイドやフィプロニルなど浸透性農薬の大量使用が、昆虫や鳥など多くの生物の生態バランスを変えた主原因となっていることが、世界中の多数の実験研究や野外研究から考えられてきています[53]。

ネオニコチノイドは、神経伝達物質の一種アセチルコリンの受容体、ニコチン性アセチルコリン受容体（以下、ニコチン性受容体）を標的としており、昆虫のニコチン性受容体に強い興奮性作用を起こして、毒性を発揮することが分かっています。このアセチルコリンは、生き物にとって普遍的かつ重要な物質で、なんと脳神経系のない細菌や単細胞生物から人間を含む高等動物、植物までも、アセチルコリンを重要な生理活性物質として使っているのです[54]。もともと細胞同士が情報交換を行うために使っていたアセチルコリンとその受容体は、脳神経系のある動物に進化した際、神経伝達系を担う物質としても使うようになったと考えられています。アセチルコリン自体は全く同じ物質で、その受容体であるニコチン性受容体もすべての種で構造上とてもよく似ています。ですからネオニコチノイドは、微生物に始まり、すべての昆虫や無脊椎動物、鳥、ヒトを含む哺乳類に影響を及ぼす可能性が当然考えられるのです。

ネオニコチノイドは、ヒトや哺乳類のニコチン性受容体には反応性が低いことから安全性が謳われています。しかし、実際に私たちの体内に昆虫のニコチン性受容体は存在していないので、どれだけのネオニコチノイド量を曝露して、それがどのような影響を及ぼすかが問題となります。これについては筆者自身も実験し結果を論文発表してきたのですが、ネオニコチノイドは神経毒性のあるニコチン類似の影響を示し、子どもの脳発達にも悪影響を及ぼす可能性が強く疑われる結果が出てきました（[3、51] 詳細は9章）。

ネオニコチノイドなど浸透性農薬が取りざたされた頃から、身の回りの昆虫や鳥などがめっきり減り、大学時代に読んだ『沈黙の春』を思い起こし、再読して驚きました。この本は有機塩素系農薬だけでなく、有機リン系農薬、浸透性農薬などの新しい農薬、農薬以外でもＰＣＢなど人工化学物質全般に至るまで把握して警告していたのです。健康影響も発がん性だけでなく、神経系、免疫系、なかでも子どもの発達への影響、不妊などの生殖への影響、さらに複合汚染の問題まで、明確に警告していました。さらには核実験や原発による放射線被曝も、深刻な環境破壊と健康障害を起こすと述べていたのです。

約５０年前にこれほど的確に「文明社会」の負の側面を警告したレイチェル・カーソンの先見性に感服するとともに、彼女の提案した「べつの道」ではなく、安易な目先の「経済優先」の道を歩んできてしまった私たち人間の浅はかさが身に沁みています。これからでも人工化学物質に翻弄されている現状を脱して、自然環境を保持し、人間が自然と共に健康に幸せに生きていける「べつの道」に方向転換ができるのでしょうか。それにはもう少し踏み込んで、人間の心身が生理的な化学物質でどうコントロールされているのかを頭に入れてから先に進みたいと思います。

3章　環境ホルモンにさらされる人間

人間の体は、約30兆個におよぶ細胞からできています。たった1個の受精卵が分裂、分化し、さらに細胞同士の結合により発達した組織や臓器を形成し、人体としての機能を営むようにできています。これらの組織や臓器を調節、コントロールしているのがホルモンと脳神経系で（図3-1）、ホルモンの司

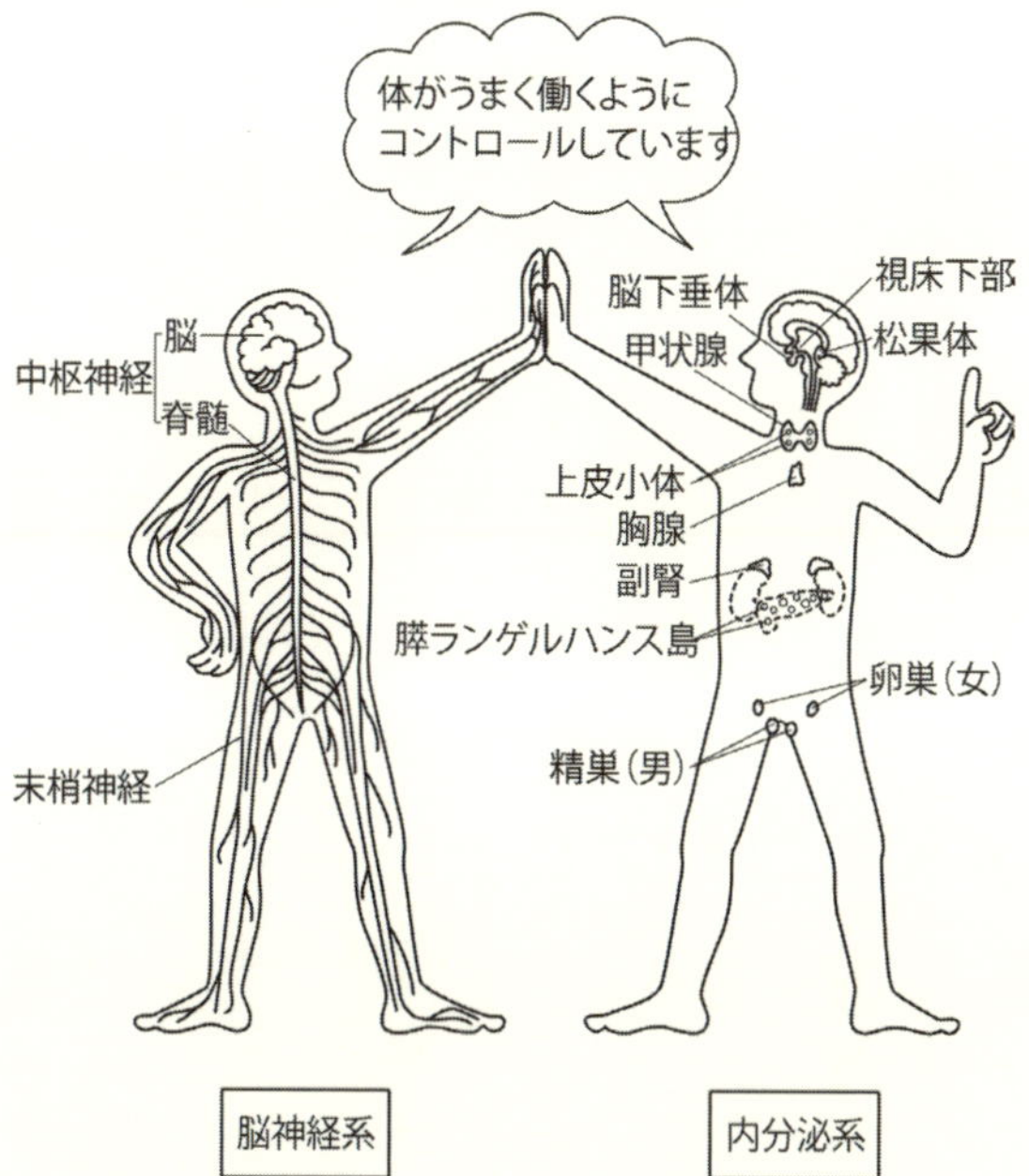

図3-1　心身をコントロールする脳神経系とホルモン
各臓器は指令を受けるだけでなく、自らも特有の生理化学物質を使って情報発信している。脳神経系と内分泌系は全体のネットワークの要となっている。（イラスト：安富佐織）

令塔は脳内の視床下部というところにあり、脳神経系の調節を受けています。最近の研究から、各組織や臓器は、脳やホルモンの指令を一方的に受けるだけでなく、自らもその状態を情報発信して相互に影響しあい、体全体のネットワークが重要だということが分かってきました。各臓器からの情報発信も、生理化学物質が担っていますので、人間はまさに化学物質のやりとりでコントロールされているといえるでしょう。まだ研究は進んでいませんが、ある種の環境化学物質が、各臓器からの情報発信を担う生理化学物質を攪乱する可能性も考えられます。今後の重要な課題となりましょう。それぞれの臓器間のネットワークの重要性はいうまでもありませんが、各臓器間の調節や、心身のネットワークをコントロールする要は脳神経系とホルモンであることは確かです。この章ではホルモンのことから調べてみましょう。

1. 体のなかのホルモン

ホルモンは体の恒常性を維持したり、エネルギー代謝の調節をしたり、妊娠、出産などの生殖にも重要な働きをしています。また子どもの発達にも多様なホルモンが正常に働くことがとても重要で、各臓器や脳の発達、性的な成熟においても、ホルモンが必須であることは言うまでもありません。種類は多く、皆さんがよく聞くことのあるステロイドホルモンや性ホルモン、甲状腺ホルモン、アドレナリン、インシュリンなど50種以上あります。作用の仕方は、どのホルモンも特異的な受容体にホルモンが結合して、その情報が細胞内に変化を起こすのですが、受容体が細胞膜に存在する場合と、

A.　ホルモンが細胞膜受容体に結合し細胞内にシグナル（情報）が伝達する場合

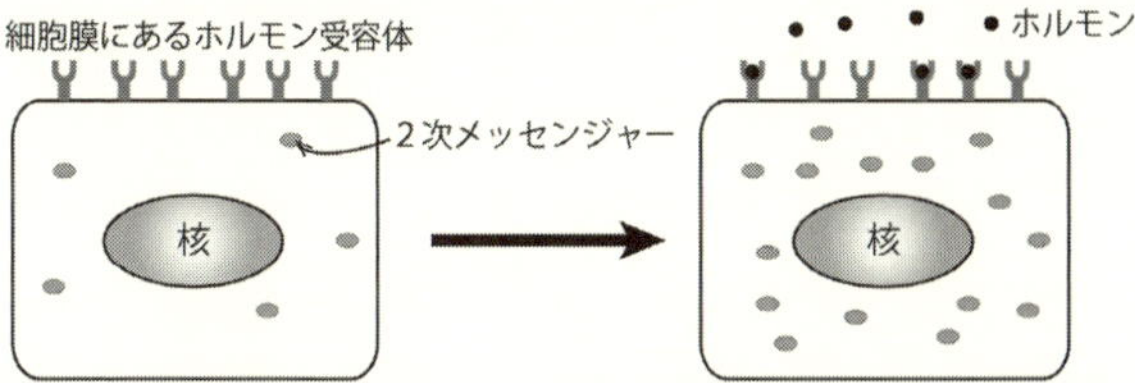

水溶性のホルモンは細胞膜に受容体がある。ホルモンがないと、細胞内の2次メッセンジャーの濃度は低い。

ホルモンが受容体に結合すると、細胞内にシグナルが伝達され、2次メッセンジャーの濃度が上がり、特定のタンパク質が増えたり、特定の遺伝子発現が起こったりする。

2次メッセンジャー：ホルモンのシグナルを受けて産生される低分子（サイクリック AMP など）やカルシウムイオンなどで、次の生理反応を引き起こす活性をもつ。

B.　ホルモンが細胞内の受容体に結合し、遺伝子発現に直接影響する場合

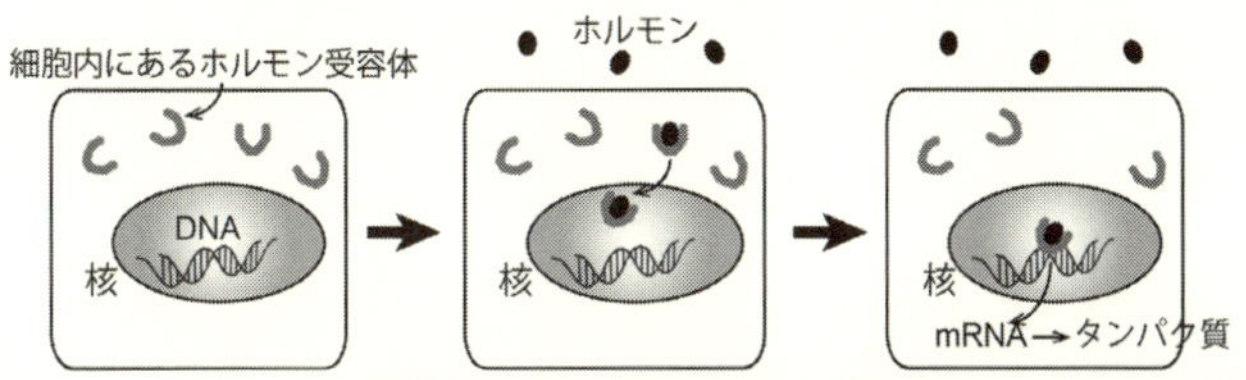

脂溶性のホルモンは細胞膜を通過して、細胞内に入り受容体と結合すると複合体を形成し、核に移動する

核に移動したホルモンと受容体の複合体は、DNA の特定の領域に結合して mRNA の産生を促し、必要なタンパク質が産生される

図 3-2　ホルモンの作用と遺伝子発現

細胞内に存在する場合があります（図３‐２）。

細胞膜にホルモン受容体がある場合は、ホルモンが結合するとその情報が細胞内部に伝わり、細胞内で何らかの物質的な変化が起き、条件によって遺伝子発現に影響を起こします（図３‐２Ａ）。細胞内に存在する受容体にホルモンが結合すると、結合体は核内に移動しＤＮＡに作用してその時に必要なタンパク質の鋳型となるｍＲＮＡ（メッセンジャーＲＮＡ）が産生され、その結果タンパク質が合成されることによって調節機能を発揮します（図３‐２Ｂ）。この

ＤＮＡ→ｍＲＮＡ→タンパク質合成の過程は遺伝子発現と呼ばれ、大変重要で基礎的な生命現象です。

2. 環境ホルモンによる内分泌攪乱作用

遺伝子発現を調節しているホルモンはごく低用量で効果を発揮するため、環境ホルモンも低用量で内分泌系に攪乱作用を起こす可能性が高いのです。ホルモンは適切な低濃度で作用し、濃度が高いと、フィードバック機構が働いて効果が出なくなります。環境ホルモンも同様に低濃度で反応を起こし、高濃度では反応を示さなくなることが報告されています。一方、従来の毒性学では、毒物の反応は、ある閾値以下になると反応しなくなることを前提にしているため、環境ホルモンが低用量で反応して高用量では反応しないことは理解されにくい現象でした。また成人した大人では、ホルモン作用が攪乱されても、恒常性を維持する機能が働くため、環境ホルモンの作用に気が付きにくいのです。しかし動物実験や疫学研究から、環境ホルモン作用は科学的に立証されてきており、脆弱な胎児や小児、また生殖細胞への影響はすでに深刻な事態ではないかと危惧されています。

子どもの肥満や糖尿病など内分泌異常の疾患、アレルギーなど免疫異常、自閉症やＡＤＨＤなどの発達障害が増えている原因の一つとして、環境ホルモンが関わっている可能性は多くの研究者が指摘しています[55]。また日本では深刻な不妊や少子化が続いており、子どもが欲しくても妊娠できない不妊症は６組に１組といわれ、妊娠しても流産や死産を繰り返す不育症も１６人に１人いると推定されています。環境ホルモンの曝露により男性では精子の減少や形成異常が、女性では子宮内膜症が高率に起こり、これらが不妊など少子化の要因になっていると、WHO、国際的な米国内分泌学会などの専門家は危惧しています[6、55]。

『奪われし未来』出版当時、最も話題となった男性の精子数については、多くの先進諸国で減少傾向が報告されています。2017年発表の論文では、信頼できる研究報告185件、合計42935名の北米、EU、豪州の男性の精子数を解析したところ、1973年から2011年までの間に約50-60%も減少していると報告されました[56]。この論文の著者らは、精子減少の原因に、環境ホルモン曝露が影響している可能性を指摘しています。日本では2013年、国際医療福祉大学・岩本晃明らが、1999年から2003年までの健康な若い男性1559名の精子数を、子どものいる男性792名の精子数と比較したところ、若い男性の精子数が全体に少なく、9%が不妊レベル（1500万個／ml以下）、31・9%が妊娠しにくいレベル（4000万個／ml以下）と国際学術誌に発表しました[57]。

これらの論文には、精子減少の原因を示す具体的なデータはありませんが、他の論文では、尿中にフタル酸エステルの代謝物やビスフェノールA（BPA）、ピレスロイド系農薬などが検出される男性の精子数が減少しており、精子の形態異常や男性ホルモンの低下なども報告されています[58a]。

動物実験でも、このような環境ホルモン曝露が、精子減少や形態異常、男性ホルモンの低下を起こすことは、多くの実験で確かめられています。最近の論文では、三世代にわたって、合成女性ホルモンを発達期の雄仔マウスに投与し、それぞれ成長後の生殖機能を調べると、投与ごとに生殖能力が減

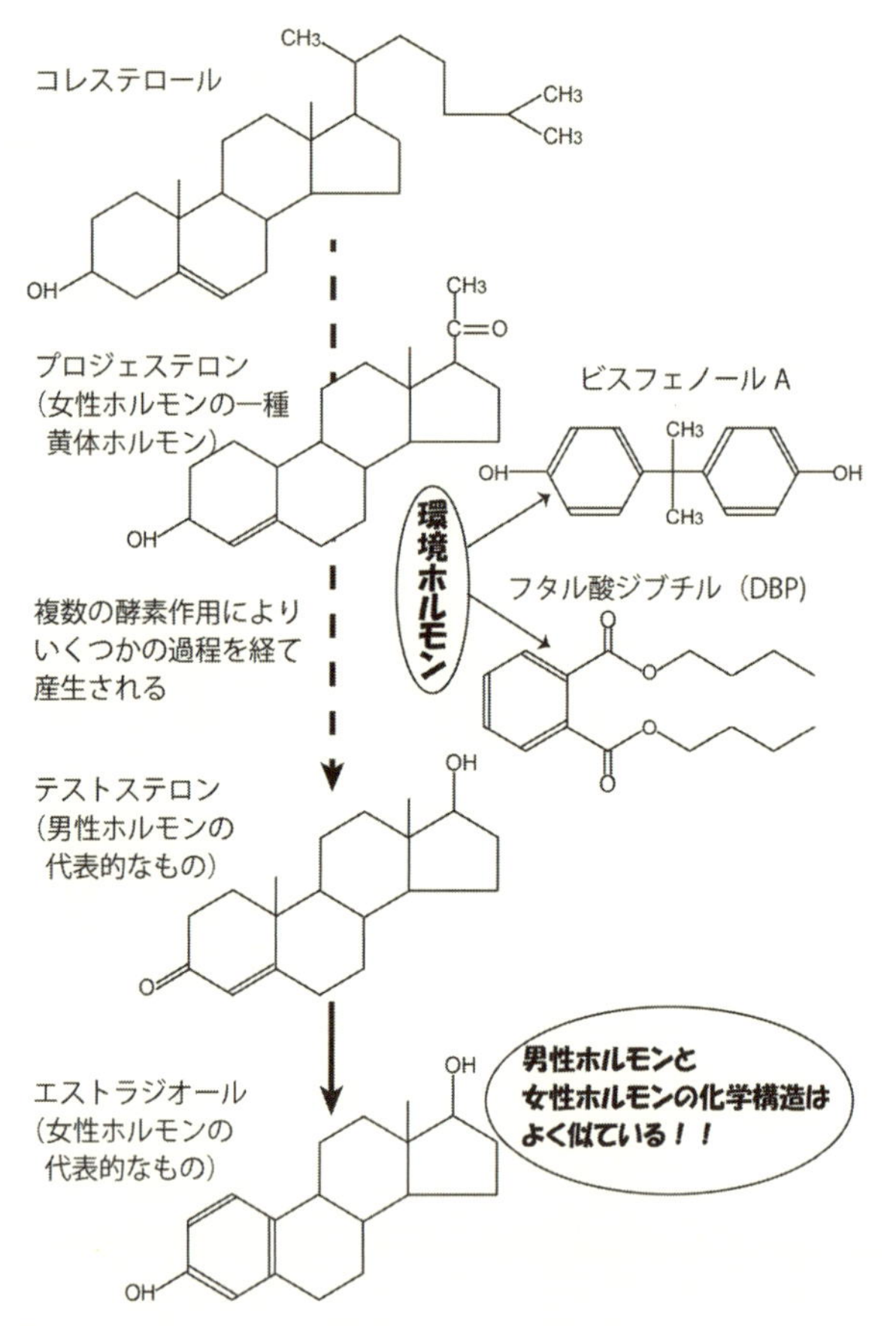

図 3-3　女性ホルモン、男性ホルモン、環境ホルモンの化学構造
　男性ホルモン、女性ホルモンは表記以外にもあるが、ここでは代表的なものに限った。

少し、特に三世代投与されたマウスで生殖能力が著しく低下したと報告されました[58a]。精子減少を含み生殖機能低下の原因は、環境ホルモンなど有害な環境化学物質が関わっている可能性が高いと考えられます。不妊、少子化が深刻な日本でも、ＥＵのように環境ホルモン作用のある化学物質の規制が必要になってきていると思います。

男性ホルモンは生殖器官、精子の発達に必要であるだけでなく、脳の性差の発達にも重要であることが分かっています。草食系男子が多く、セックスレスの夫婦が多くなっている日本では、その影響が出ているのかもしれません。

環境ホルモン作用があると当初懸念されたのは、主に女性ホルモン作用を持つものでした。女性ホルモンはステロイドホルモンの仲間で、代表的な女性ホルモンであるエストラジオールは、図３‐３のように男性ホルモンのテストステロンとよく似た化学構造をとっています。酵素の作用一つで、男性ホルモンから女性ホルモンができ、特異的な受容体によって全く違う働きをするのですから、生き物はすごいですね。この性ホルモンは、第2次性徴や性差にもちろん関わっていますが、それ以外にも多様な働きを担っていて、脳内でも記憶や学習に関わっていることが分かっています。高齢者のうち、男性よりも女性で認知症が多いのは、更年期を境に女性ホルモンが急激に減少することが一つの要因と考えられています。

懸念された環境化学物質のホルモン攪乱作用を調べてみると、女性ホルモンだけでなく、男性ホルモンや甲状腺ホルモンを攪乱するものも見つかりました。男性ホルモンを攪乱するものには、殺菌剤など農薬に多く見つかりました。これらの性ホルモン、甲状腺ホルモンはどれも細胞内に受容体を持ち、ホルモンが受容体に結合すると、核内に移動して、遺伝子発現に直接影響を及ぼす重要な役割を持っています。特に発達期の子どもでは、これらのホルモンの働きが様々な発達過程で大変重要なので、環境ホルモンの影響が世界中で懸念されています。

なお、大豆や大豆製品には、ダイゼイン、ゲニスタインなどのイソフラボンと呼ばれる物質が含まれており、女性ホルモンに似た化学構造を持ち、弱い女性ホルモン作用を示します。通常の食生活で大豆製品を摂取した場合、これらのイソフラボンは健康にも良いのですが、サプリメントなどによる過剰摂取は副作用もあり、特に妊婦や子どもでは避けるようにと厚労省でも勧告しています。[59]

甲状腺ホルモン撹乱作用がはじめに報告されたのは、ＰＣＢ類です。前述したようにＰＣＢ類はすでに生産禁止された残留性有機汚染物質類ですが、難分解性のため生体内では原体のままだけでなく、中途代謝物の状態でも存在することが分かっています。この代謝物の中で、水酸化されたＰＣＢは甲状腺ホルモンの構造とよく似た化学構造をとり、調べてみると甲状腺ホルモンの活性を阻害するものがあることが分かりました[3]。甲状腺ホルモンは子どもの発達に必須で、ヨード不足による甲状腺ホルモンの低下は、重度の脳発達遅滞を伴うクレチン症を起こすことが分かっています。甲状腺ホルモンの活性を阻害する環境化学物質には、ＰＣＢ以外にも難燃剤の臭素系有機化合物ＰＢＤＥ、プラスチック原料のビスフェノールＡ（ＢＰＡ）、フライパンのコーティングや撥水剤として使われる有機フッ素化合物（ＰＦＯＳ、ＰＦＯＡ）、化粧品の保存料としてよく使われているパラベンなどで報

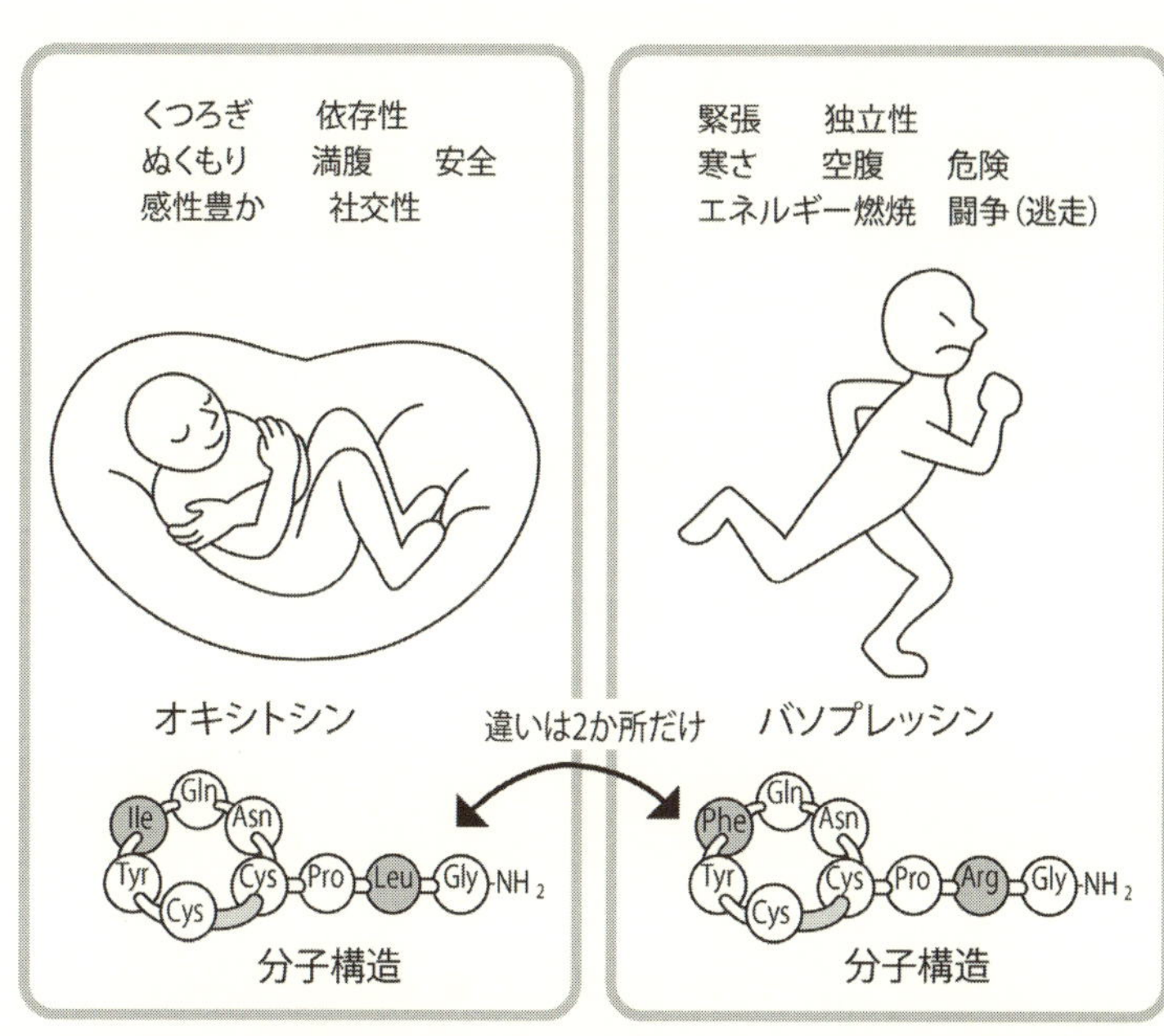

図3-4　信頼と愛のホルモン・オキシトシン（イラスト：安富佐織）
オキシトシンとバソプレッシンは、2つのアミノ酸が違うだけで反対の作用をもつ重要なホルモン。

告があります。

3. オキシトシンは愛のホルモン

ホルモンの中でも最近話題になっているのはオキシトシンというホルモンで、アミノ酸が9つ結合した化学物質です（図3－4）。この中のアミノ酸が2個だけ変わった物質はバソプレッシンというホルモンで、オキシトシンとは全く逆の働きをします。どちらのホルモンも重要なのですが、オキシトシンは信頼と愛のホルモンとも呼ばれ、心身がリラックスするだけでなく、痛みを和らげ、自閉症、統合失調症、アルツハイマー病などの精神疾患とも関わっていることから注目されています[60]。オキシトシンは、リラックスを司る自律神経系・副交感神経や、脳内ホルモンのセロトニンやドーパミンなどとも相互に関わり、リラックス効果を上げます。子どもとのスキンシップで、親子ともにオキシトシンが増加し、お互いの幸福感、安心感が増すことが分かっています。大人同士でもスキンシップでオキシトシンが増加することが分っているそうですから、日本でももっとスキンシップを取り入れるといいかもしれません。

安心感や幸福感のような精神状態が、オキシトシンのような化学物質（ホルモン）で左右されるのですから、人間の心も不思議です。またオキシトシンの作用を撹乱する環境ホルモン物質として、残留性有機汚染物質類や有機リン系農薬の報告が出ています。オキシトシンについては、自閉症の症状を緩和する傾向があるとして、日本でも点鼻薬が治験されていますが、全員に効果が出ているわけではなく、ホルモンの長期投与は副作用の可能性もあるので、慎重な対応が必要と思われます。

4章　脳の発達と環境化学物質

1．脳の構造と働き

脳神経科学の進展により、脳の働きの興味深いことがたくさん分かってきました。脳の働きを担っているのが、神経細胞、ニューロンです。人間の脳の特徴は何と言っても大脳が大きいことで、生命維持に関わる脳幹を取り囲み、大脳の表面積（神経細胞の数）を増やすために幾重にもしわ（脳溝）があります（口絵6）。人間の行動の基本はこの大脳が主に担っており、何かを感じたり、見たり、聞いたり、考えたり、すべての意識や行動に関わっています。

脳の要である神経細胞は図4‐1のように2種類の突起を持っているのが特徴です。情報伝達の入力を担う樹状突起と出力を担う軸索の2種類の突起をもち、軸索の終末は次の神経細胞とシナプスで結合し、神経回路を形成します（図4‐2）。（脳の仕組みと発達の詳細や文献については拙著・拙稿［3、51、61］をご覧ください）

2. 脳は複雑精緻な化学情報機械

神経細胞は、信号を受けるとその情報を電気信号に変換して軸索に伝達し、シナプスでは情報を化学的信号（神経伝達物質）に変換して次の神経細胞に伝えます。次の神経細胞では、神経伝達物質（化学信号）の情報を電気信号に変換するという具合に、次々に情報を伝達していきます。脳にはおよそ1000億個もの神経細胞が約100兆個ものシナプスで結合して、神経回路を作っています。特に

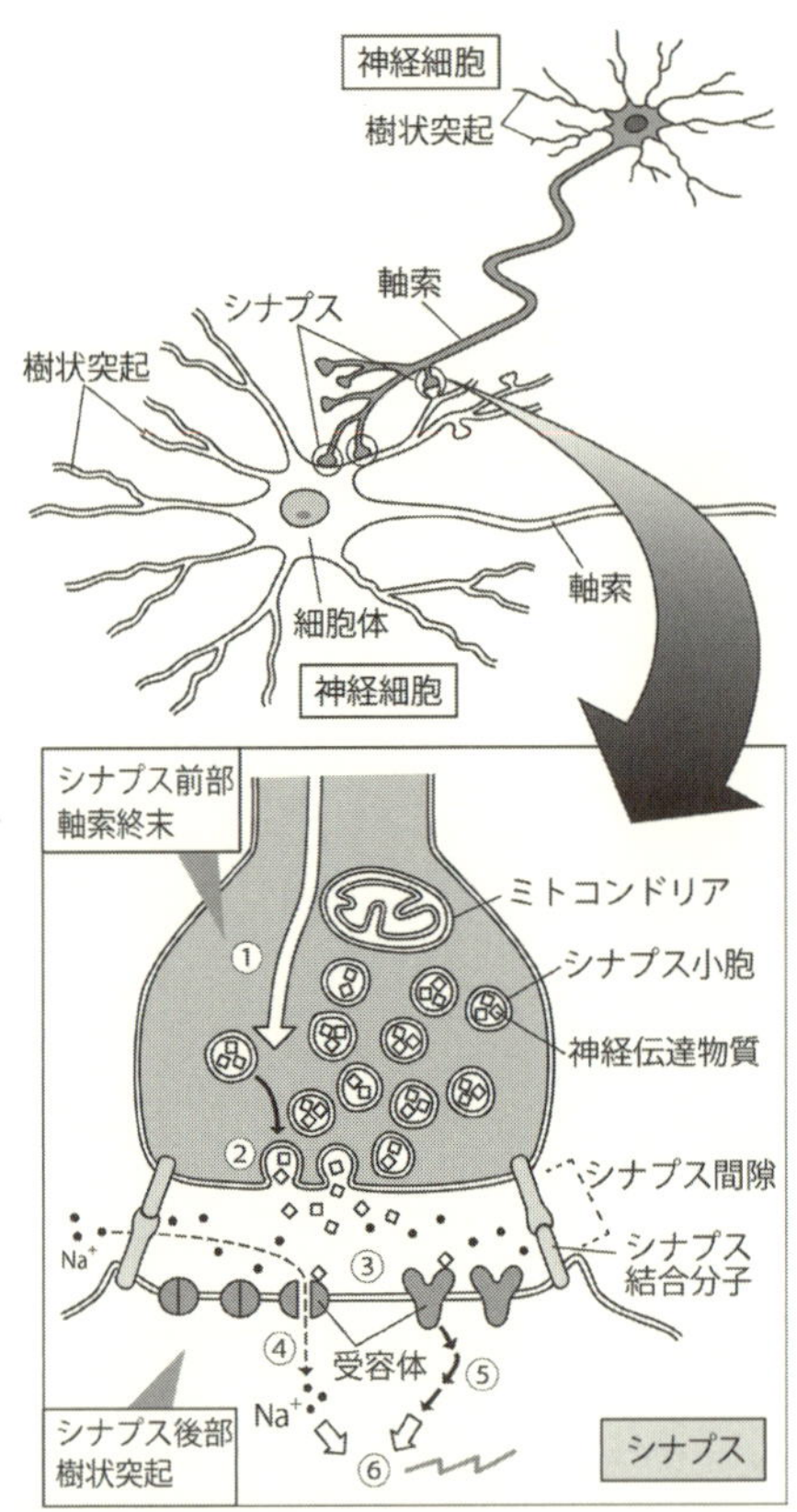

図 4-1　神経細胞とシナプス
①電気信号
②シナプス小胞が細胞膜と融合して、シナプス間隙に神経伝達物質が放出
③神経伝達物質がチャネル型、代謝型受容体に結合
④神経伝達物質の結合したチャネル型受容体はゲートが開きナトリウムイオンが細胞内に流入
⑤神経伝達物質の結合した代謝型受容体は、構造変化を起こして、細胞内に信号を伝達
⑥細胞に電気信号が発生
（イラスト：安富佐織）

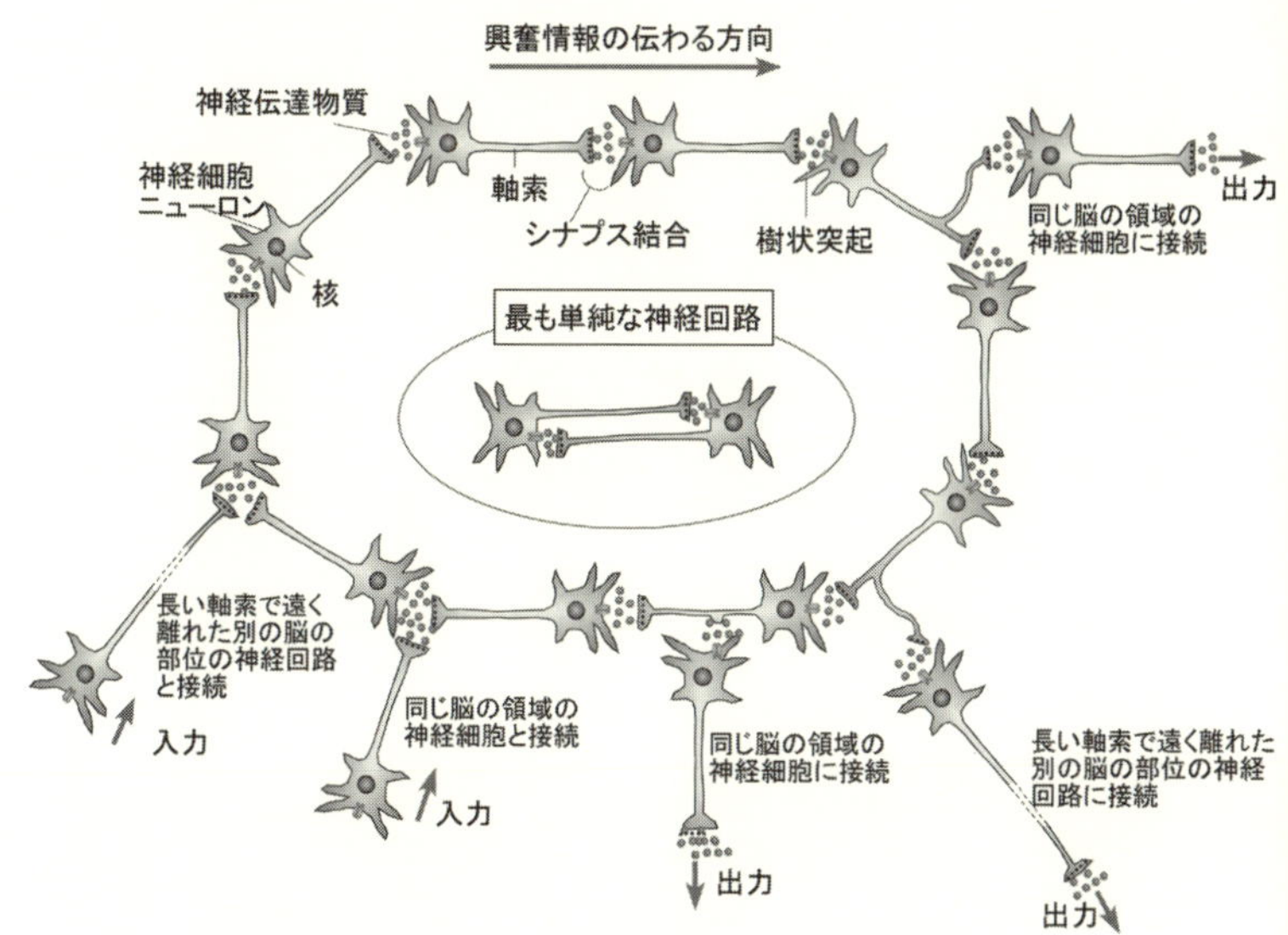

図 4-2　高次機能を担う大脳皮質の神経回路とシナプスの概念図
軸索は非常に長いものがあり、遠く離れた神経細胞とシナプスをつくる。軸索の先端が分枝したり、軸索の途中が膨らんでシナプスをつくることもある、一つの神経細胞が多数の神経細胞とシナプスをつくり複雑な神経回路をつくる。(文献[3]より)

高次機能を担う大脳皮質の神経回路は(図4-2)に概念図を示すように複雑です。この神経回路は、「一つの神経細胞は数多くの他の神経細胞と互いにネット状にシナプス結合している」ので、ニューロン・ネットワークともいわれ、構成する神経細胞は百から数百に及ぶといわれています。

シナプスは結合といっても、実際にはごくわずかの間隙が存在して、その隙間に神経伝達物質が放出され、次の神経細胞の受容体に結合して、情報が伝達されます(図4-1、4-2)。軸索末端のシナプス前部にはシナプス小胞とよばれる細胞内小器官があり、中にはグルタミン酸、アセチルコリン、グリシン、GABAなどの神経伝達物質が入っており、信号がくるとシナプス小胞からシナプス間隙に神経伝達物質が放出され、次の神経細胞のシナプス後部にある神経伝達物質の受容体に結合して、信号が伝達されます。

人間の神経細胞の中で軸索が一番長いのは坐骨神経で、一つの細胞の長さが約1mもあるのですから、その長さには驚きです。しかも、軸索の長さの約5万分の1の大きさ（直径約0.02mm）の細胞体は軸索先端で起きている状態を把握し、先端部に必要な生理化学物質を常時ちゃんと運んでいるのです。軸索を通る電気信号の速さも驚異的で、一番速いタイプでは、毎秒120m（時速432km）もあるそうです[62]。

シナプスの細胞膜表面と内部には数百ものタンパク質が存在して、シナプスを形成し、機能を担っています。これらのタンパク質がきちんと作られ、配置されてシナプス部分の信号伝達がうまくいくのです。シナプスでどんなタンパク質が必要かは、核のある細胞本体に伝えられます。そして、核内にあるDNA上の特定のタンパク質を産生する鋳型情報を含んだ領域のmRNAが産生され、それを元に必要なタンパク質が作られて、長い軸索を通って運ばれます。3章でも書きましたが、DNA↓mRNA↓タンパク質の過程を遺伝子発現といい、この過程はホルモンや神経伝達の情報などで調節されています。遺伝子発現は、神経細胞だけでなく、体のすべての細胞で起こる基本的な現象です。しかし、シナプスのような核から離れた長い突起の先端に、これだけ多種類のタンパク質がきちんと輸送、配置されるのですから、何とも凄い仕組みです。

シナプス・神経回路は、まさに複雑精緻な化学情報機械で、これがきちんと機能するために、常時

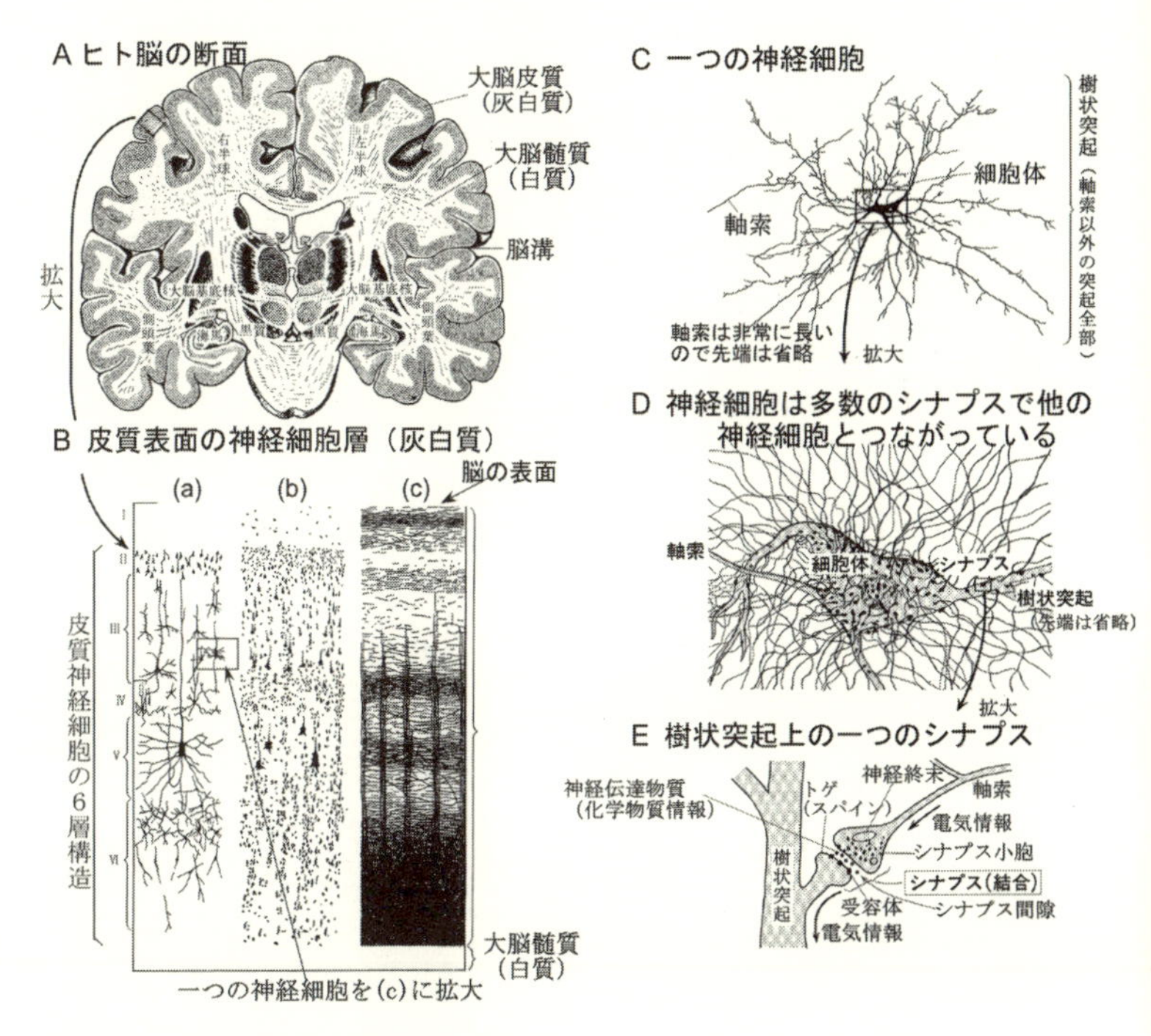

図 4-3　大脳の構造と神経回路網

A：大脳の断面：大脳皮質（灰白質）には神経細胞が、大脳髄質（白質）には軸索が集まっている。

B：大脳皮質の神経細胞層

(a) ゴルジ法で染色された神経細胞とその突起。

(b) 細胞体のみが染まる方法で染色された大小さまざまな神経細胞。

(c) 軸索のまわりの髄鞘（ミエリン）を染めたもの。横と縦に繋がり（神経回路）があることが分かる。

C：神経細胞の一例：四角で囲ってあるところに細胞体がある。

D：神経細胞の細胞体や樹状突起には、他の神経細胞の軸索終末とたくさんのシナプス結合がつくられている。

E：脳では神経細胞体よりも樹状突起の上につくられるシナプスの数が多いことが知られている。

（黒田洋一郎　『ボケの原因を探る』岩波新書、文献［3］より引用。詳しい説明は文献 [3] を参照。）

ホルモンや神経伝達物質の作用を受けていますから、ニセ・ホルモン（環境ホルモン）やニセ・神経伝達物質（殺虫剤）のような環境化学物質が侵入すると、容易に攪乱されてしまうことが予想されます。

次に大脳の構造を見てみましょう（図4-3）。大脳は縦割りにすると皮質と髄質に分かれ、皮質には数百億個もの神経細胞が6層に並び、灰色に見えることから灰白質とよばれています。内部の髄質は神経細胞同士をつなぐ細くて長い軸索の集まりで、白質とも呼ばれ、大脳の軸索をすべてつなげると推定で何と15〜18万キロメートル[63]、地球約3・75〜4・5周分もあるとも言われています。大脳皮質は領域によって、その役割が決まっていますが、視覚野、聴覚野といってもその領域だけで見たり、聞いたりするのでありません。その領域と他の大脳皮質領域や、情動を担う扁桃体、様々な調節機能を担う小脳などとの間にはシナプス結合を介した神経回路が形成され、さらにその神経回路が他の神経回路とも繋がって高次の神経回路網が形成されており、この高次の神経回路網が働くことで初めて、見たり聞いたり意識するのです。

つまり、脳の働きの本体は、この神経回路網なのです。神経細胞はなくてはならないのですが、神経回路を担うシナプスが「脳の機能」の本当の要ともいえます。シナプスは大人になってからも形成されるので、たとえ老人になっても新しいことを記憶し、新しい能力を身につけることはできますが、大部分の神経回路網は胎児期、小児期にできるので、発達期が重要となります。

右脳、左脳と脳の働きを区別する話がよくあります。脳は左右の領域に違う役割があるのですが、右脳、左脳の間には脳梁と呼ばれる膨大な軸索の束があり、これが左右の脳を繋ぐ神経回路となって

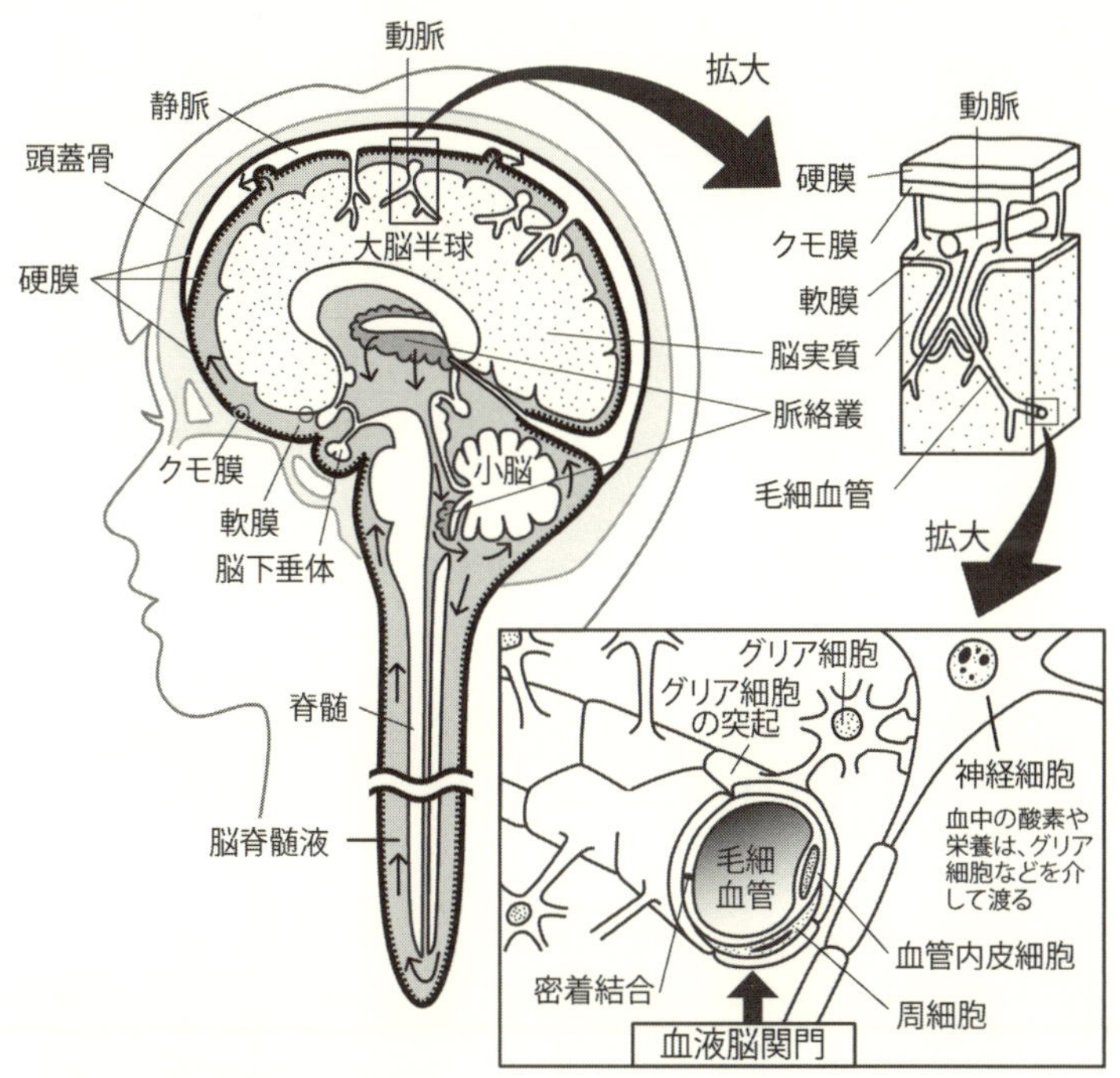

図 4-4　血液脳関門の仕組み
脳は重要なので頭蓋骨で守られ、脳脊髄液中に浮かんだ状態で存在する。脳の活動には、脳脊髄液の安定した生理条件が必要なので、成分が変動しやすい血液に直接影響されない組織構造をとっている。一方、脳の活動には、エネルギーや酸素がたくさん必要なので、脳内には毛細血管が張り巡らされ、血中の栄養や酸素は、神経細胞を維持するグリア細胞が受け取り、神経細胞に渡している。脳内の毛細血管は、血管内皮細胞、周細胞、グリア細胞に密に囲まれ、内皮細胞は密着結合という緻密な結合をして、脳内に不要な物質を入れず、必要な物質のみ入れる。この脳内毛細血管の周囲の構造を血液脳関門という。　　　　　　　　　　　　　　　　（イラスト：安富佐織）

います。この脳梁を通じて右脳、左脳とも常時連動して機能しているので、この機能は右脳（左脳）だけといった単純なものではないのです。

また成人の脳内の毛細血管には、血液脳関門と呼ばれる構造が存在しています（図4-4）。血液脳関門は、血液中の変動しやすい成分が神経細胞に直接影響を与えないよう、また有害物質も入りにくいよう、脳を守っています。図に見られるように、毛細血管の血管内皮細胞はタイトジャンクション（密着結合）と呼ばれる強固な結合様式を持ち、さらに周囲をグリア細胞の突起が取り巻き、特定の物質のみ通過できる仕組みを持っています。この血液脳関門は、胎児期に発達をはじめますが、きちんとした組織に形成されるには生まれてから数カ月かかるため、発達が一番盛んな胎児期、周産期の脳は、有害な環境化学物質に曝露されやすくなってしまうのです。

3. 脳の発達には環境が大切

人間の脳の発達は受精後初期からはじまり、生まれる時には大脳のしわ（脳溝）はほぼ成人と同じように発達して生まれます（図4-5A）[64]。胎児期に、脳幹など生命の維持に関わる本能的な脳の領域のシナプス形成、神経回路形成は出来上がっています。一方、生まれた時点で大脳の神経回路はほとんどできておらず、生後、外界からの刺激を受けてシナプス形成、神経回路形成ができていきます（図4-5B）[65]。

脳の発達期には神経細胞が盛んに増殖し、最終的に数千億もの神経細胞群やグリア細胞が生まれ、

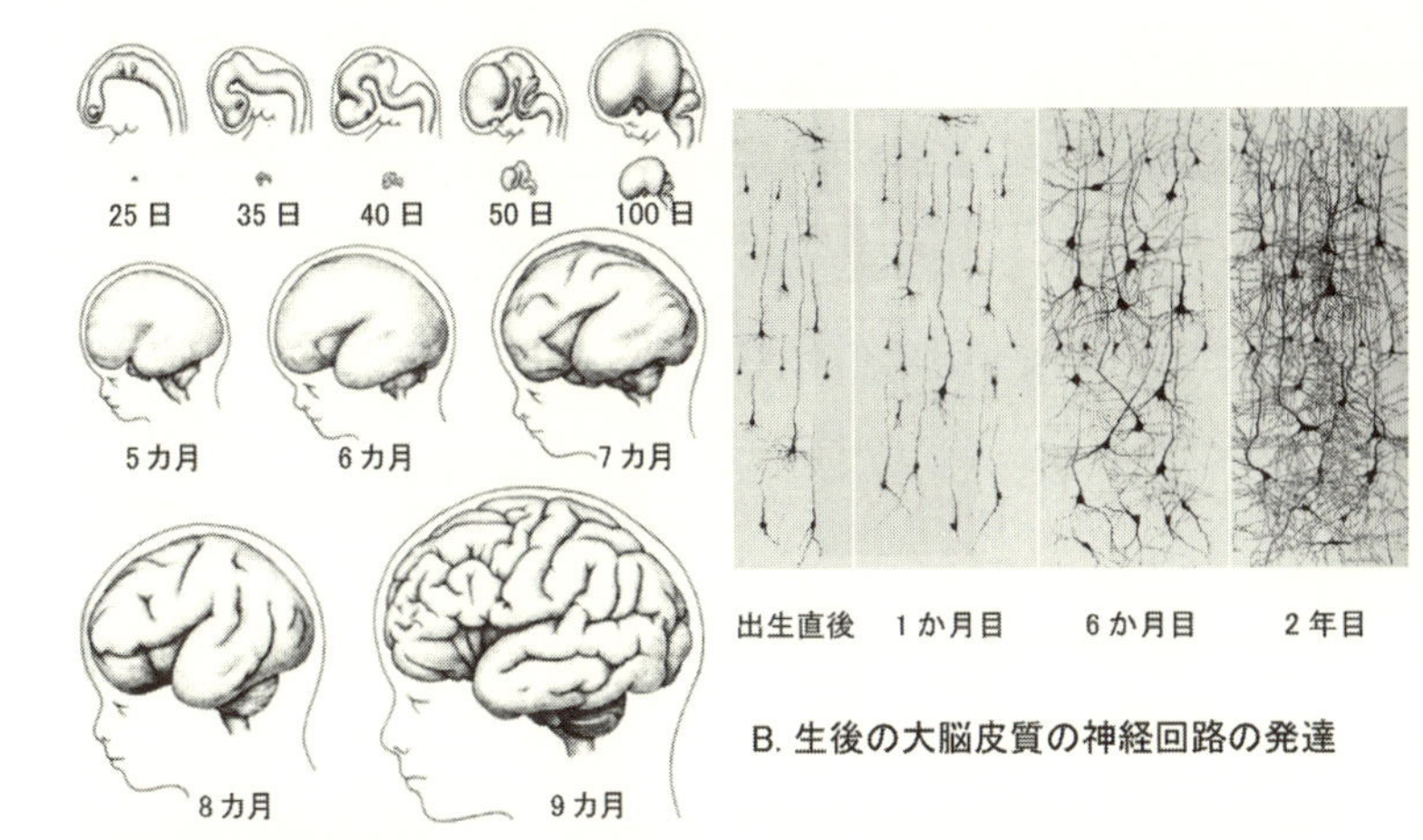

図4-5　胎児期、出生後の脳の発達

A: 胎児期に、脳幹など生命に基本的な神経回路が形成され、脳の外観はほぼ成人と同じような脳溝ができる。25～100日までの大きさを5か月以降と同じ縮小率にしたものを上段の下に示す（文献［64］より改変、引用）。

B: 高次機能を担う大脳皮質の神経回路は出生後に発達する。発達経過は大脳皮質の領域によっても異なり、図には中前頭回領域を示す（文献［65］より引用）。発達期の脳は、生理化学物質で精緻に調整されているので、胎児期、小児期の脳は有害な化学物質に感受性が高い。

さらに神経細胞同士がシナプス結合し、神経回路を形成していきます。この過程には膨大な種類のタンパク質群が時空間レベルで適切に発現することが必要です。シナプス・神経回路形成に必要なタンパク質群を、常時必要に応じて産生するのが遺伝子発現です。遺伝子発現は遺伝子ＤＮＡが元になっていますが、遺伝子はいわば設計図で、いつどんな遺伝子を発現するのかは、ホルモンなど生理化学物質や外界からの刺激で調節されています。なかでも脳の要である大脳のシナプス形成、神経回路形成には、内因性のホルモンも大事ですが、外界の環境（親のスキン

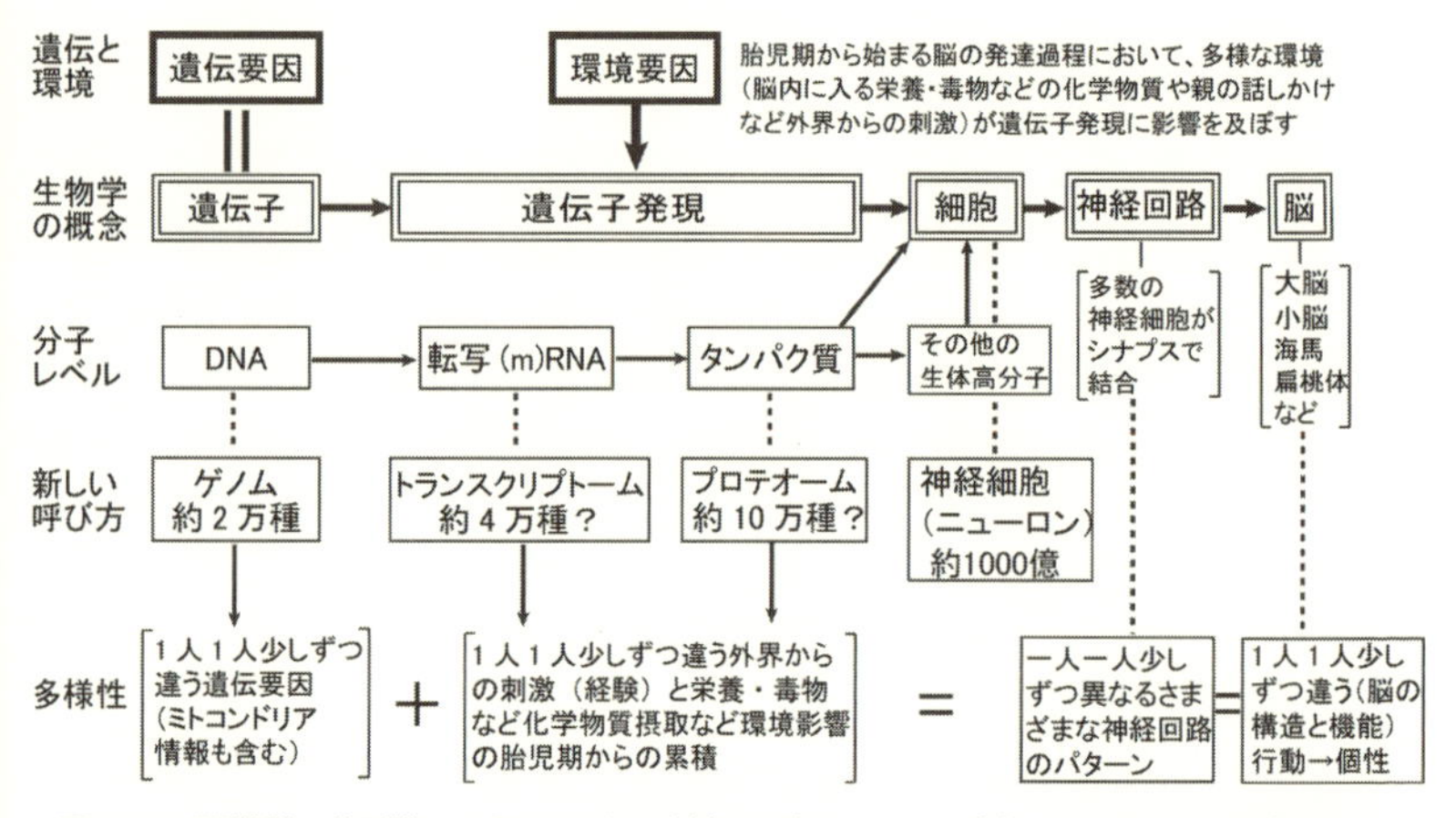

図4-6　脳機能（行動）のもとである神経回路をつくる遺伝子の発現と環境要因

シップ、話しかけ、その他多様な環境因子や化学物質環境など）が大きく影響します。図４‐６にその概要を示します。

外界からの刺激環境の重要性を示す事例として、臨界期のはっきりした神経回路形成があります。例えば、視覚系が良い例です。視覚の神経回路が発達する時期に強制的に目を閉じてしまうと、眼の神経細胞から大脳皮質の視覚野への神経回路形成が正常に行われず、眼球や脳に障害がなくても、視覚に重大な障害が起こることが動物実験で確かめられています。人間では８歳ごろまでに視覚の神経回路が発達しますが、特に２歳ごろまでが重要で、この時期に数日間でも眼帯をすると視覚に障害が起こるといわれ、臨界期の環境（外界からの光刺激）が重要なことがよくわかります。

言語の発達においても臨界期があり、人間は誰もが話す能力をもって生まれますが、母国語が何語になるのかは１００％幼少期の環境によって決まります。特に発音についてはかなり低い年令に臨界期があるので、成人になってからの習得が難しいことはよく知られています。しかし、第二外国語としての言語の習得は成人になってからも可能ですから、言語系における神経細胞のシナプス結合、神経回路形成は可塑性が高いといえましょう。

視覚系、言語系の神経回路形成において環境（外界からの刺激）が大変重要であるように、胎児期から小児期にかけての脳の発達、神経回路形成には環境が大変重要です。前述したように、遺伝要因が大事であることはいうまでもありませんが、DNA遺伝子は基本の設計図で、神経回路（シナプス形成）がどう構築されるのかは環境要因が大きく関わっているのです。環境要因には、ホルモンなど生理化学物質環境、脳内に入る栄養や環境化学物質の環境、外界からの刺激環境などがあり、それぞれ重要です。ことに脳の高次機能については環境要因が重要で、内因性、外因性の化学物質環境や外界からの刺激によって、個人によって少しずつ違う神経回路が出来ていき、その違いがそれぞれの個性となっていきます。

人間は同じ体験をしても、それぞれの反応は個人、個人で異なります。何かを体験した時に、私だったらこう考えるのに、どうして連れ合いや友人は同じように考えないのだろうと思うことはよくあることです。それは、それぞれの神経回路が違っているのですから、むしろ当たり前なのです。脳の中でも、脳幹のような生命の維持に関わる神経回路については同じようにできていきますが、大脳が担う高次機能の神経回路は、個人ごとに少しずつ異なってできていくのです。

また脳の重要な特性は可塑性があることで、いったん神経回路形成ができても、その後に変わる可能性があります。脳の発達はほぼ20歳ごろまでに大体出来上がっていきますが、形成されたシナプス結合、神経回路は永久的なものではありません。できた神経回路を何度も使うと、シナプス結合が補強され、神経回路も頑強なものになります。いったんできた神経回路でも、そのあと使われず不要な回路は除かれていきます。図4-2に示したように、大脳の高次機能を担う神経回路は、同じ領域の神経細胞や他の領域の神経回路からの入力や出力ともシナプス結合を形成して、複雑な神経回路ができていきます。ですから、私たちは何等かの刺激を受けた時に、連鎖反応的にいろいろなことを思い出したりするのは、このような神経回路が複雑に絡み合っているからだと考えられています。

脳の発達は大よそ20歳までに出来上がりますが、その後、たとえ高齢者になっても、新しい神経回路形成が可能なので、私たちの脳は新しいことを覚え、習得していくことができるのです。従来、私たちの体を構成している細胞の中でも、神経細胞だけはいったんできた後は再生しないと考えられてきましたが、記憶に関わる海馬など一部の神経細胞は100歳近くになっても新たに生まれてくることが分かってきています。

また、「ヒトの脳は約1000億の神経細胞の10%程度しか使っていない。後は予備である」とも言われています[3]。実際、脳梗塞などで脳に大きなダメージが起こり、一部の神経細胞が死んでしまった高齢者でも、リハビリテーションで機能が回復することは多くの症例で明らかです。ことに子どもの脳は可塑性が高いので、発達障害と診断されても、適切な療育で改善される場合も多いことが報告されています。

■コラム4：発達障害の原因は遺伝要因よりも環境要因が大きい [3]

自閉症などの発達障害の原因については、当初遺伝要因が大きいと言われてきました。これについては歴史的な経緯があります。自閉症は、1943年に米国の医師カナーによりはじめて報告され、当初は母親の育て方に原因があるとされ、「冷蔵庫マザー説」が流布しました。1977年には、イギリスの医師ラターが、たった21組の一卵性双生児を対象に調べ、一卵性双生児の一致率は36%、境界例も含むと82%と高率になりました。その後、この結果は二卵性双生児の結果とも併せて検討され、自閉症の遺伝率は92%になると報告されました。しかし、この報告には問題が多かったのです。サンプルが21組と少なく信頼性に欠けること、自閉症の診断が主治医の主観であったこと、さらに一卵性双生児研究の重大な落とし穴があったことが挙げられます。一卵性双生児を用いた研究は、遺伝子が同じという前提に立ち、遺伝要因と環境要因を調べるためによく使われてきました。しかし一卵性双生児は、二卵生双生児と違って、胎盤を共有するので低栄養、低体重出生になりやすく、生まれてくる前から環境要因にリスクがあるのです。

1990年頃、自閉症は遺伝性が強いと過大評価されて、自閉症の原因遺伝子探索の研究競争が世界中で起こりました。その結果現在にいたるまで、自閉症を起こすようないわゆる単一の「自閉症原因遺伝子」は見つかりませんでした。しかし、自閉症を起こしやすくするような自閉症関連遺伝子はたくさん見つかり、現在データベースに登録されているだけでも1000以上あります [66]。これらの自閉症関連遺伝子は、シナプス形成や遺伝子発現に関わるものが多く見つかりました。このことから、自閉症は脳のシナプスに微小な異常が起こり、特定の神経回路が正常にできなかったと考えられてきています。自閉症以外の発達障害でも同様な発症メカニズムが考えられてきており、これらの発達障害はシナプス症とも言われています。

２０１１年、自閉症はより信頼できる大規模な一卵性双生児の研究が報告され、遺伝要因は約３７％と報告されました[67]。従って残りの６３％は環境要因で、自閉症など発達障害では遺伝要因よりも環境要因が大きいことが明らかとなってきたのです。糖尿病、がん、高血圧など多くの疾患では、血縁でなりやすいこと、つまり遺伝要因が関わっていることが知られており、自閉症もほぼ同様だと考えられます。なりやすさを決める遺伝要因が背景となって、環境要因が関わり発症すると考えられるのです。遺伝子を変えることは難しいですが、環境を変えることは可能で、それが重要なことです。

4. 脳の発達を阻害する環境化学物質

前述してきたように、脳の発達、ことに脳高次機能の発達には、環境が大変重要です。環境の中でも、化学物質環境は遺伝子発現の基礎となります。したがって有害な環境化学物質が、発達期の子どもの脳内に侵入すると（図４‐７）、遺伝子発現が撹乱され、正常なシナプス形成や神経回路形成ができなくなると考えられます。脳内への有害な化学物質の侵入経路は、胎児期には母胎・胎盤を通過し、生後は母乳や食べ物、空気環境などから曝露することがあります。

有害な環境化学物質としては、環境ホルモンや農薬、鉛、水銀などの重金属、大気汚染微粒子、さらに発がん性物質や放射線まで多様で、疫学論文や動物実験の報告がたくさん蓄積してきています。とくに脳神経系を標的にしている殺虫剤は、シナプス・神経回路形成を直接撹乱して脳の発達を障害することが、疫学研究や動物実験から分かってきており、危険因子として世界中で注目されています（９章、文献[3]参照）。

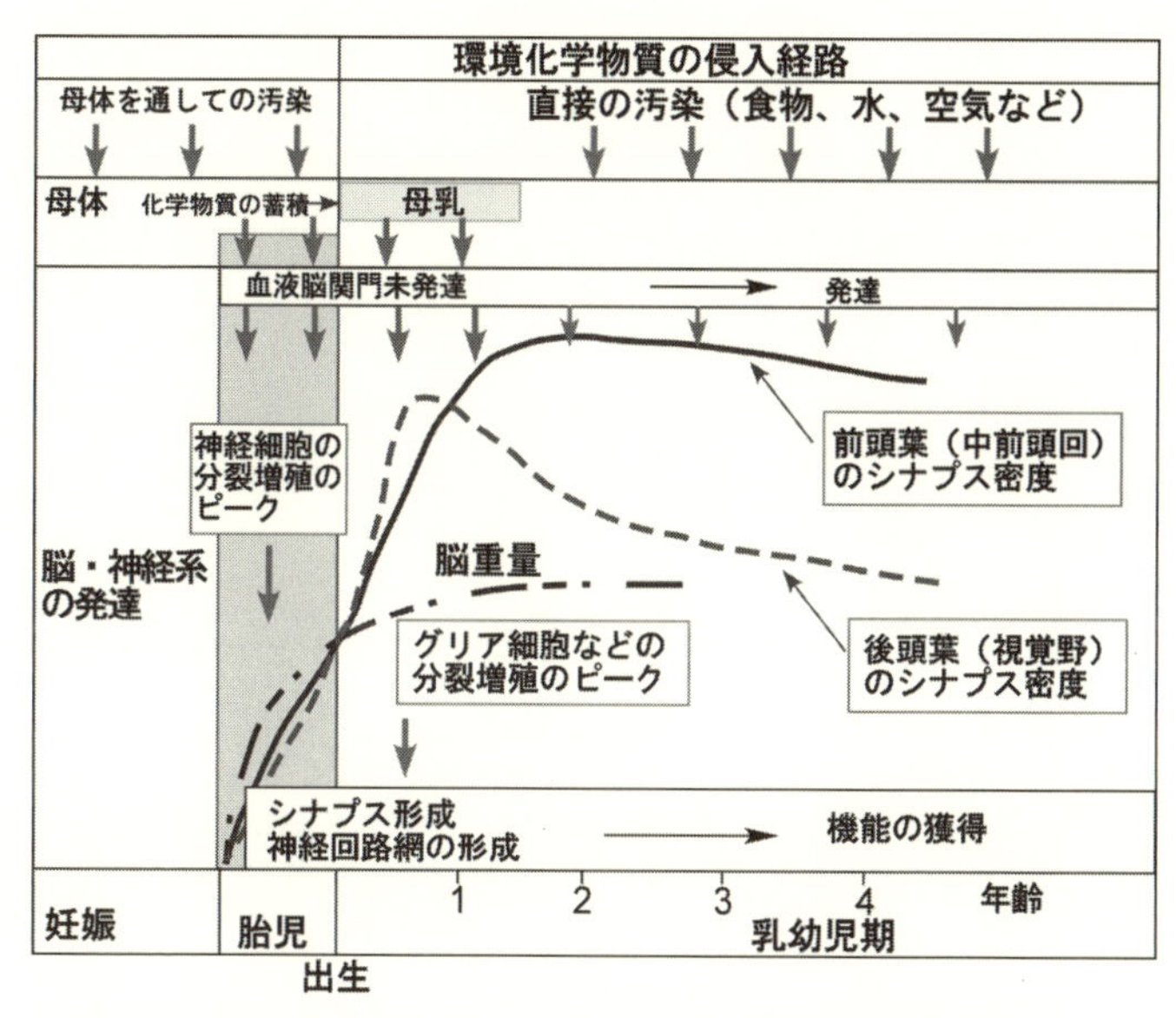

図 4-7　胎児、幼乳児期の脳の発達と有害な環境化学物質の侵入

脳の正常な性分化においても、環境化学物質が影響する可能性が指摘されています。脳には男女の性別により違った脳の領域がありますが、その脳の性分化を担うのは性ホルモンです。人間では脳も体も原型は女性型ですが、胎児期の16週あたりで男子の精巣から男性ホルモンが多く出る時があり、その時期に男子の体では生殖器が発達するだけでなく、脳の性分化も起こると考えられています。そのような臨界期に女性ホルモンや男性ホルモンを攪乱する環境ホルモンに曝露すると、停留精巣や尿道下裂、精子形成の異常、脳の性分化など、正常な性の発達ができなくなる可能性が指摘されています[68]。

■コラム5：シグナル毒性：新たな毒性メカニズム

ここまで、ホルモンを攪乱・阻害する環境ホルモンや神経伝達を攪乱・阻害する有害な環境化学物質があることを説明してきましたが、これらの作用には共通点があります。それがシグナル毒性という考え方です（図4-8）。従来の毒性では、毒性物質はそれ自体が、細胞の多様なタンパク質、RNA、DNAなどに直接異常を起こして、毒性を発揮しました。一方、環境ホルモンでは、ニセ・ホルモンがホルモン受容体に結合し、本来のホルモンの作用による情報を攪乱・阻害するようなシグナル（情報）の攪乱作用による毒性があることが分かってきました。神経伝達系でも、殺虫剤のようなニセ・神経伝達物質が本来の受容体に結合すると、ニセ情報のシグナルが伝達して、本来の神経伝達情報を攪乱・阻害することが確認されています。

つまり本来、ホルモンや神経伝達物質には、それぞれ特有なホルモン受容体や神経伝達物質受容体が細胞膜や細胞内に存在しており、その受容体にホルモンや神経伝達物質が結合するとシグナル（情報）が伝達して、適切な生理的作用が起こるのです。一方、環境ホルモン（＝ニセ・ホルモン）や殺虫剤などのニセ神経伝達物質がそれぞれの受容体に結合すると、異常なシグナルが伝達して、異常な作用が起こってしまうのです。

生体内ではホルモンや神経伝達系以外でも、免疫系、嗅覚系、感覚系など、多様な生体反応において、情報を担う物質と特有な受容体による情報伝達が生体反応を司っています。ですから、本来の情報物質に似たニセの人工化学物質が本来の受容体に結合して、正常な情報伝達を攪乱・阻害すると、様々な健康障害が起こる可能性があるのですが、研究はほとんど進んでいません。

従来、環境ホルモン（内分泌攪乱化学物質）の攪乱作用は内分泌機能（ホルモン系）への影響と考えてきましたが、ここでは、シグナル毒性として、神経系や免疫系などへの幅広い影響を含むことになります（図4-8）。この考え方は、毒性学の専門家である労働者健康安全機構・バイオアッセイ研究センター所長・菅野純（国際毒性学連盟会長）によって新しい毒性の概念として提唱されています[69]。内分泌攪乱化学物質の定義は、現段階ではWHO、欧州、米国などで統一されていませんが、実際に健康影響を及ぼすか否かが重要なことであり、定義は研究の進展に伴い、確定されていくでしょう。

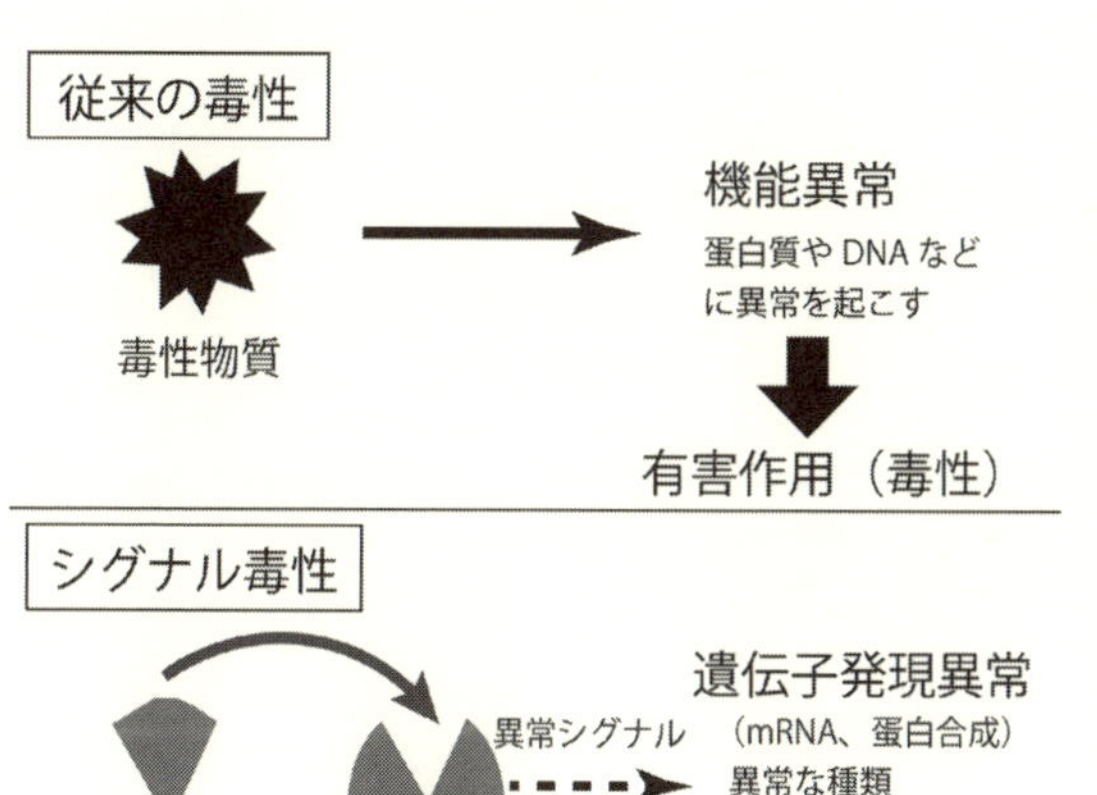

図4-8　従来の毒性とシグナル毒性の違い
（文献［69］より改変、引用）

また、化学物質過敏症の発症は、このようなシグナル毒性を介した攪乱作用が関わっている可能性が考えられています。例えば空気中に含まれる化学物質は、鼻や気道に存在する匂い物質の受容体（嗅覚受容体）や様々な刺激に応答するTRP（transient receptor potential）受容体などに結合して、そのシグナル（情報）が何らかの生理反応を起こします。嗅覚受容体やTRP受容体は鼻粘膜や気道など体表だけでなく、内臓など様々な組織に存在して機能していることが分かってきており、有害な人工化学物質の曝露がこれらの受容体の生理機能を攪乱して、多様な症状を起こしているのかもしれません。TRP受容体は、化学物質、熱、機械刺激、浸透圧など様々な刺激に反応する受容体で、種類も多く多様な機能を担っている重要な受容体です。

5章　胎児期の環境が将来を決める

ここまで、人間の体や健康には、ホルモンや脳神経系が重要で、それを攪乱するような環境ホルモンや殺虫剤など環境化学物質の危険性について書いてきましたが、もう一つ最近の科学の進展から分かってきた大事な研究分野があります。それはエピジェネティクスという分野で、聞きなれない用語ですが、胎児期や成長期の環境が、成長後の健康や病気、さらに次世代の健康にも関わってくるという重要な内容であり、また大変面白い生命現象ですので、ここで説明しましょう。

1. エピジェネティクスとは

エピジェネティクスというのは、エピ（「後」という意味）とジェネティクス（「遺伝学」、「遺伝子の」という意味）が合わさってできた用語です。ご存知のように人間が発達していく時、たった一つの受精卵が細胞分裂を繰り返し、まず外胚葉系、中胚葉系、内胚葉系それぞれ3つの系統の細胞に分化していきます（図５‐１）。さらに外肺葉系は脳や神経系の細胞に、中胚葉系は筋肉や骨格の細胞に、内胚葉系は消化器の細胞に分化していきます。イギリスの生物学者ワディントン（１９０５～１９７５）は、同じ遺伝子ＤＮＡをもった細胞が球が谷に転がり落ちるように、それぞれ組織特有の細胞に分化し、分化した細胞は後戻りができないと考え、その概念図をエピジェネティック・ランドスケープとして表しました。この細胞分化の過程で、それぞれの細胞は受精卵と同じ遺伝子ＤＮＡを１セットずつ持っていながらも、特有の遺伝子ＤＮＡを使って特有のタンパク質を産生して、特有の機能と形態を示すようになります。

おおざっぱにいえば、エピジェネティクスとはこのような細胞分化の決定の要となる、どの領域の遺伝子ＤＮＡが使われるようになっていくのかを、制御するすべての調節機構といえます。上述したホルモンや神経伝達物質などによる遺伝子発現の調節機構もエピジェネティクスといえますが、最近話題になっている（狭義の）エピジェネティクスは、ＤＮＡの構造・機能に関わる調節で、発達初期に起こるこの変化は細胞分裂後も継続するため、影響が長期に渡ることから注目されています[70]。

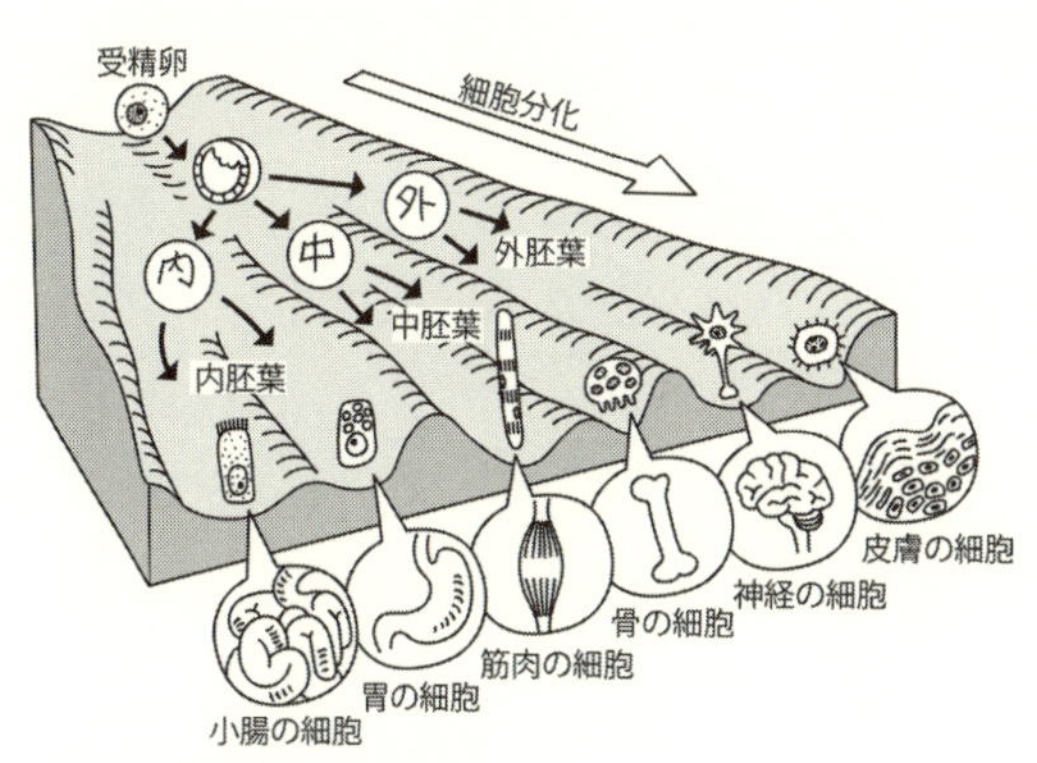

図 5-1　細胞分化の概念図

生物学者ワディントンの提唱したエピジェネティック・ランドスケープを元に改変。（イラスト：安富佐織）

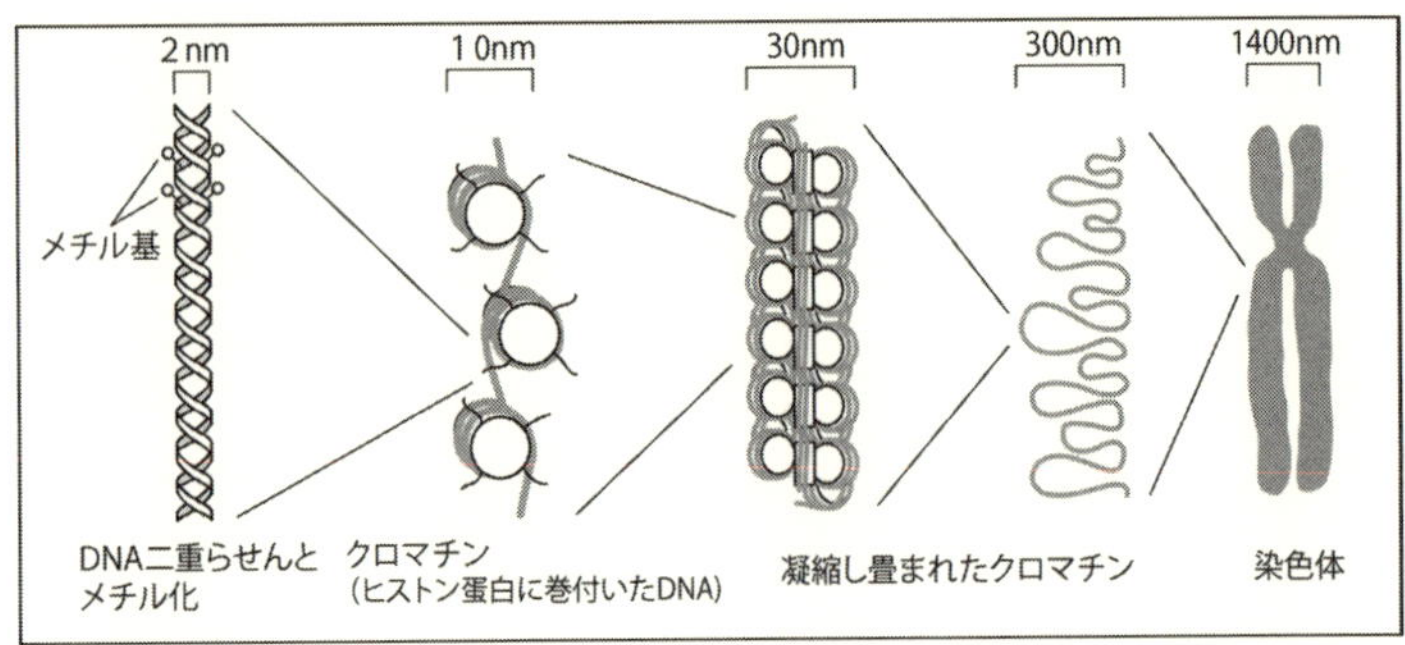

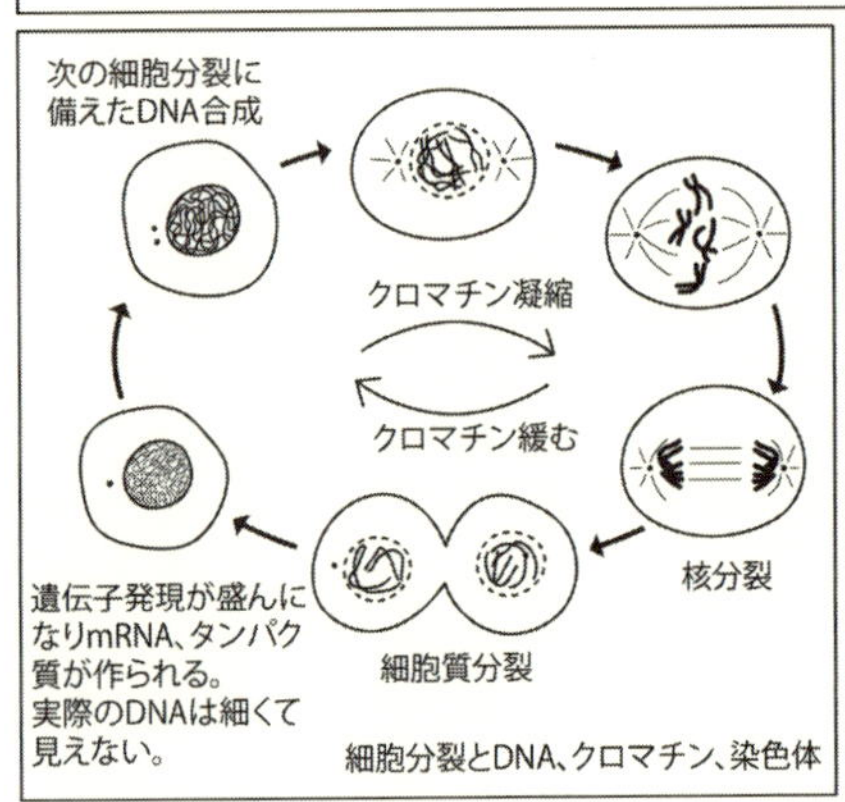

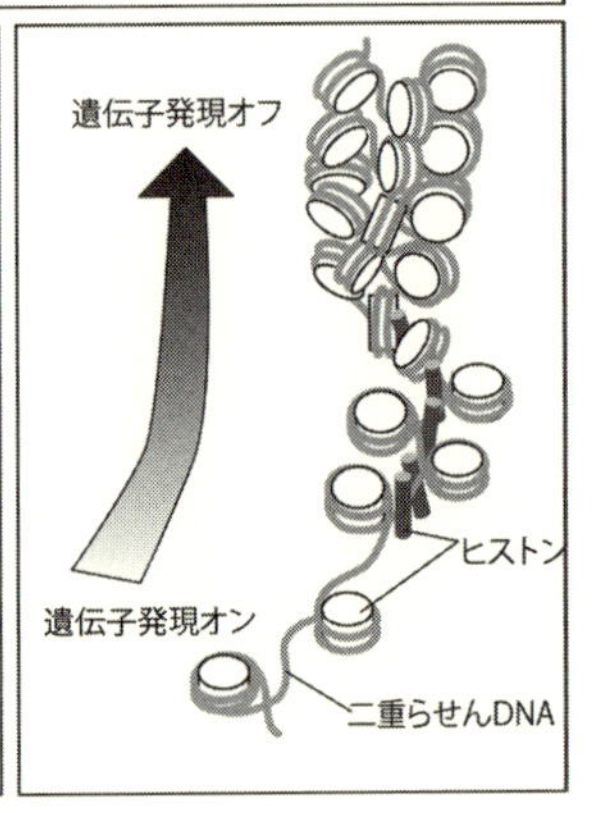

図 5-2 DNA と染色体 (イラスト：安富佐織)

2. DNAを合理的に使うシステム

私たち人間の23対46本の染色体のDNAを繋げると、なんと1.8メートルにも及ぶことが分かっています。小さい細胞の一つ一つの核内にこの長いDNAが入っていて、それがぐちゃぐちゃになっていたら機能できませんから、細胞がその時に必要な部分の遺伝子DNAだけを使うために、DNAは規則的にきれいに折りたたまれた構造をとっています。図5-2を見るとわかるように、細胞が分裂する時、DNAは一番密に折

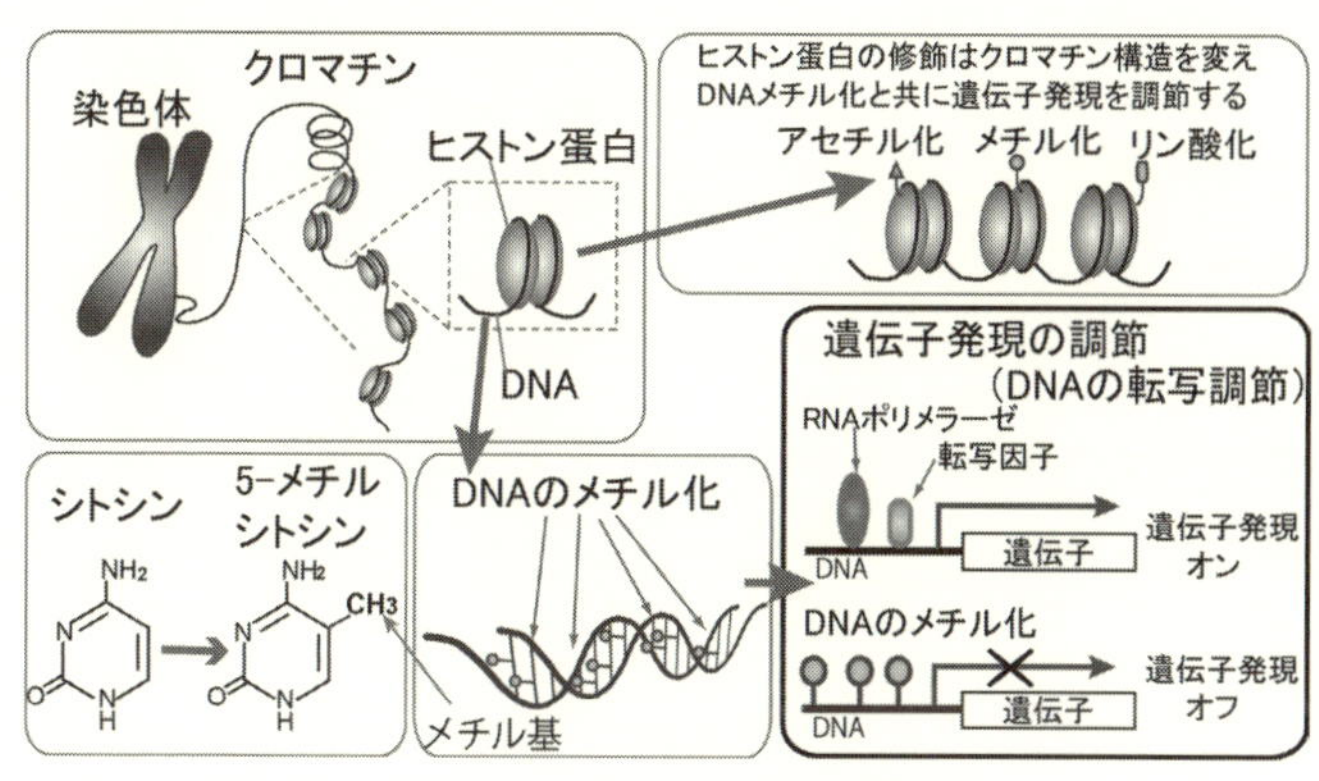

図 5-3　エピジェネティクスによる遺伝子発現の調節

DNA のメチル化はクロマチン構造を凝縮させ遺伝子発現を抑制し、ヒストンタンパクのアセチル化はクロマチン構造を緩めて遺伝子発現を促進する。DNA やヒストンタンパクの化学修飾は、発生分化の過程でいったん起こると細胞分裂後も受け継がれて一生続くため、その影響が大きい。ホルモンなどによる遺伝子発現調節も広義のエピジェネティクスともいえるが、DNA やヒストンタンパクの化学修飾は継続されるため、影響が大きく注目されている。

りたたまれて、特有な染色体の構造をとります。細胞分裂の時、ＤＮＡは次の細胞に分裂するまで使われないので、遺伝子発現は休止しています。

この染色体をほぐしていくと、ＤＮＡはきれいに折りたたまれていることが分かります。さらにほぐしていくとヒストンという特別なタンパク質にＤＮＡが巻き付いたクロマチンという構造が見られます。遺伝子発現は、このようなメカニズムのもとで起こっているのです。遺伝子発現が盛んな領域のＤＮＡを含んだクロマチンは緩んだ構造をとっていますが、遺伝子発現を行わないＤＮＡ領域のクロマチンは凝縮した構造をとっています。確かに使わないＤＮＡは、たたまれていたほうが邪魔にならず、使っているＤＮＡはクロマチンが緩まないと配列が読み取りにくいでしょう。

このクロマチンの凝縮と緩みを決めているのが、ＤＮＡやＤＮＡの巻き付いているヒストンタンパクの化学的修飾で、エピジェネティックな調節と言われています（図５‐３）。化学的修飾というと難しく聞こえるかもしれませんが、元のＤＮＡやタンパク質に目印が付き、使われるＤＮＡと使われないＤＮＡが区別されると理解してください。目印としては、炭素１つと水素３つが結合したメチル基（―CH_3）や、炭素２つ、水素３つ、酸素１つが結合したアセチル基（CH_3CO―）などがあります。他にも目印はありますが、ここでは分かりやすく２種類だけ説明しましょう。ＤＮＡにこの目印であるメチル基がたくさん付くと、ヒストンに巻き付いたＤＮＡ（クロマチン）はぎゅっと凝縮して、そこに含まれる遺伝子ＤＮＡは遺伝子発現が起こらず使われなくなってしまうのです。一方、ＤＮＡにメチル基のような目印が付いておらず、巻き付いたヒストンタンパクにアセチル基という目印がたくさんつくと、ヒストンに巻き付いたＤＮＡ（クロマチン）は全体に緩み、その領域の遺伝子ＤＮＡは遺伝子発現が起こりやすくなるのです。

ところで、人間の長いＤＮＡのうち、特定のタンパク質の情報がコードされている領域はどれぐらいあると思いますか。タンパク質の情報がコードされているＤＮＡは全体の約２％でしかなく、残りは少し前までジャンク（がらくた）ＤＮＡと言われていたのです。しかし、このジャンクと呼ばれていたＤＮＡも、実際には遺伝子発現を調節するエピジェネティクスに重要な役割を果たしていることが、分かってきています。また、ホルモンや遺伝子発現に関わり、DNAに結合する多様なタンパク質群（転写因子といいます）などもエピジェネティクスに関わっていると考えられてきており、この研究分野の進展が注目されています。目には決して見えないミクロの世界ですが、そこで私たちのDNAがうまく使われていると想像するとワクワクしませんか。

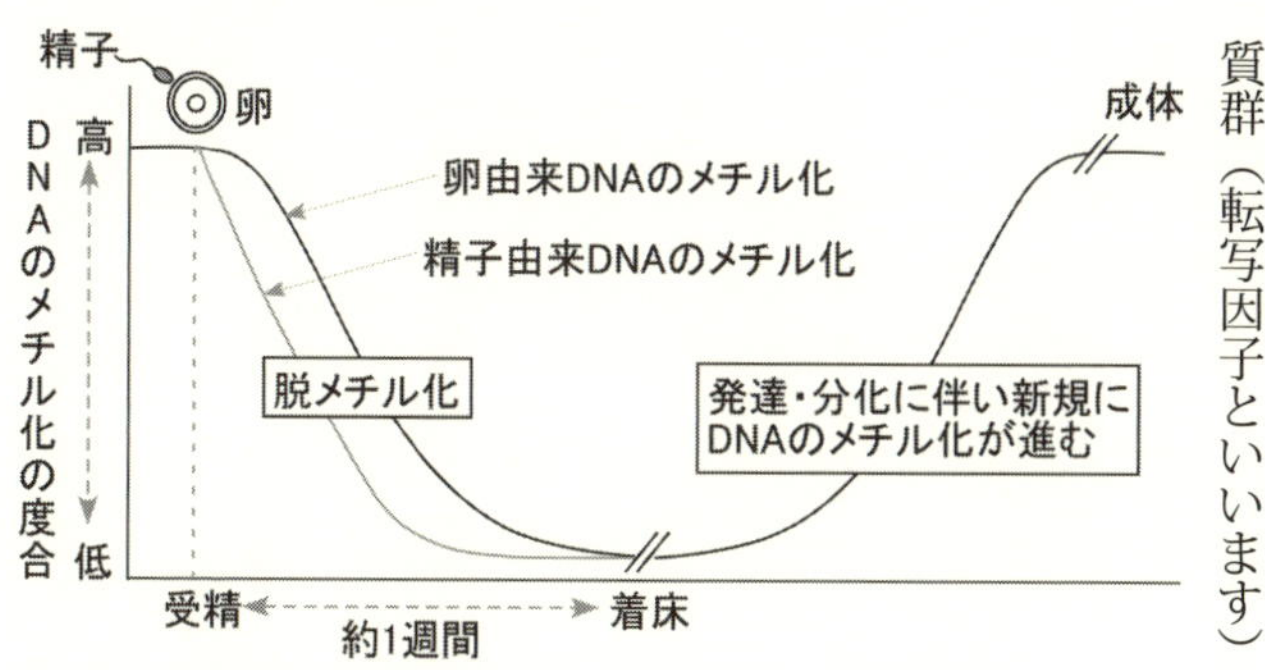

図 5-4　受精後、急速に進むエピジェネティックな変化

受精後、子宮に着床するまでに、卵、精子由来の DNA についたメチル基のほとんどがはずれる（脱メチル化）。受精卵が分裂し、特有の機能をもった細胞に発達・分化するに伴い、DNA のメチル化が進む。受精直後の脱メチル化はすべてで起こるのではなく、いくらかはメチル化されたまま残る。メチル化が残った DNA は、次世代に引き継がれるので、DNA 変異によらない獲得形質の遺伝に繋がると注目されている。（文献 [15] 図 5 - 6 より改変）

3. 受精後に起こる劇的な変化

受精時のDNAに起こるエピジェネティックな劇的変化は、生き物の面白さを一段と感じさせてくれます。図5-4に示すように、精子と卵では、DNAにたくさんの目印のメチル基が付いていて、DNAと巻き付いたヒストンからなるクロマチンは凝縮していますが、受精して子宮に着床する1週間ほどの間に、ほとんどのメチル基がはずれてクロマチンが緩むことが分かっています。精子や卵のDNAは静止状態で遺伝子発現は起こり

ませんが、いったん受精すると、受精卵では遺伝子発現が盛んに起こり、細胞分裂・細胞分化が進みます。この時期にＤＮＡのメチル基に変化が起こることは、まさに理屈にかなっています。当然とはいえ、なんとも生命の不思議さを感じる出来事ではありませんか。

そして、細胞が分化して皮膚や肝臓の細胞、神経細胞など、多様で特別な細胞になっていく時に、それぞれの細胞特有な遺伝子発現が起こるようにＤＮＡやヒストンに化学的な修飾、つまりエピジェネティックな変化が起こっていきます。いったん起こったエピジェネティックな変化はその後、細胞分裂が起こってもほぼ一生継続して引き継がれていくのです。ですから、発達期のエピジェネティックな変化に異常が起こると、それが一生継続してしまうため、影響が大きいのでとても重要な過程といえるでしょう。

4．エピジェネティクスを阻害する環境化学物質

このエピジェネティクスに影響を及ぼす人工化学物質が、最初に報告されたのは、合成女性ホルモンＤＥＳで、現在は生産中止となっている環境ホルモン作用のある薬剤です。ＤＥＳは流産防止薬として妊婦に多用されていたのですが、ＤＥＳを服用した妊婦から生れた女の子に、子宮がんや生殖器の異常が多発したのです。

動物実験から、妊娠中にＤＥＳを使用すると、お腹の中にいるメスの胎仔の未熟な生殖細胞で発がん遺伝子のＤＮＡに付くメチル基の異常が起こり、生まれて成長してから、がん特有のタンパク質が

増え、がん細胞を増殖して子宮がんを起こすことが分かってきました。DESを妊婦に投与した影響は、女の子の子宮がんだけでなく、男の子の生殖器にも影響を及ぼし、生殖器の異常や精子形成異常が起きたと考えられています。

現在ではDES以外にも、エピジェネティクスに影響を及ぼす環境化学物質が見つかっています。ダイオキシン、ビスフェノールA（BPA）、有機塩素系農薬ビンクロゾリンやメトキシクロール、ベンゼン、アスベスト、ニッケルなどは、DNA上のメチル基に変化を起こすことが、著名な国際学術誌に2012年、報告されています[71]。DNAのメチル基以外に、ヒストンタンパクの化学修飾にも環境化学物質が影響を及ぼして、エピジェネティックな変化を起こすことも報告されています。エピジェネティックな変化を起こす環境化学物質には、次世代、次々世代へと影響が継続する場合も報告されています。動物実験では、有機塩素系殺菌剤ビンクロゾリンを母胎経由で投与して、仔ラットへの影響を調べると、4世代先までがんや生殖異常が確認され、その影響はDNAのメチル化が原因と報告され、注目を集めました[72]。DNAのメチル化は、通常一世代で次の世代に引き継がれませんが、特定なDNA領域や条件によっては、次の世代に引き継がれることもあり、DNAによらない遺伝（ゲノム・インプリンティング）と呼ばれ、獲得形質が遺伝するメカニズムの可能性として、科学的にも注目されています。除草剤グリホサートによるDNAメチル化異常も近年報告されています。[155]

このビンクロゾリンは男性ホルモン攪乱作用のある環境ホルモンですが、他の環境ホルモン物質でもエピジェネティックな変化を起こすことが報告されているので、環境ホルモンの影響は侮れず、要注意です。

２０１2年にノーベル生理学・医学賞を受賞した京都大学・山中伸弥の研究成果であるｉＰＳ細胞（人工多能性幹細胞）には、このエピジェネティクスが大きく関わっています。図５‐１に示したように、分化して谷に落ちた細胞は固有の性質を持ち、通常逆戻りはできず、山に上れません。しかし、分化と共に使われなくなった遺伝子が機能できるような遺伝子操作により、より未分化な細胞に戻したのがｉＰＳ細胞です。このｉＰＳ細胞を患者の皮膚の細胞などから作り、病気で必要となった細胞に分化させて治療に使う研究が進められています。ｉＰＳ細胞の遺伝子ＤＮＡでは、クロマチンの緩みと凝縮に関わるＤＮＡやヒストンの化学的修飾が、元の細胞とは大きく変化していることが分かっています。

今や日本人の死亡原因の第一位であるがんの細胞も、このエピジェネティクスが関わっています。通常各臓器で分化した細胞は増殖性を失うのですが、何等かのエピジェネティックな変化によって、増殖機能が暴走してしまったのががん細胞です。

■コラム６：胎児期の環境が将来の健康や病気を決める

ＤＯＨａＤ（developmental origin of health and disease）説は、「将来の健康や疾病は、胎児期や生後早期の環境に強く影響を受けて決定される」という概念で、最近注目されています。第二次大戦末期のオランダで、妊娠中に極端な飢餓を体験した母親から生まれた子どもが成長した後、糖尿病、高血圧、心疾患、精神病などが多発しました。この疫学データを元に、イギリスのバーカー医師が、胎児期の低栄養が成人期の糖尿病や心臓病など疾患リスクを上げるという仮説を1998年に立て、さらに一般化されてＤＯＨａＤ説となりました。

後からエピジェネティクスのメカニズムが分かってきて、疾病の起源は低栄養や有害な環境化学物質曝露など環境要因により、胎児の遺伝子ＤＮＡにエピジェネティックな変化をもたらすことに起因するとの考え方が有力視されています。自閉症、統合失調症、鬱病などの精神疾患も、胎児・小児期に病気の発症に関わる遺伝子ＤＮＡに、何等かのエピジェネティックな変化が起こることが原因という仮説も考えられています。

ＤＯＨａＤ説にはまだ解明されていないこともありますが、胎児期、成長期の環境が重要であることに間違いはなく、その時期には十分な栄養を摂取し、有害な環境化学物質曝露を避けることが大事です[73]。妊娠中には葉酸、ビタミンB群、ビタミンDなどが特に重要と言われていますが、これらの栄養素は前述したエピジェネティックな変化を起こすために必須であることが明らかとなっています。2500g未満の低体重児は成人病や発達障害などのリスクが高くなりますが、日本は先進国の中で低体重出産が極めて多いことが報告されています。日本では小さく産むことを推奨した時期もありますが、子どもの発達には十分な栄養が必要であることは言うまでもありません。若い女性の極端なダイエット志向は、健康上からもエピジェネティクスが正常に行われる観点からも避けるべきです。低体重出生は、栄養不足以外にも喫煙や農薬など環境化学物質の曝露でリスクが上がることが報告されていますので、有害な環境化学物質の曝露にも十分注意しましょう。

6章　地球生命の歴史38億年

1．単細胞から人間まで共通する生理化学物質

人間は生き物として「進化の頂点」に立ち、地球に「君臨」しているように見えますが、この地球の長い歴史の中では、その存在期間は非常に短いのです。よく出てくる例えですが、地球46億年の歴史を1年とすると、生命が誕生したのは3月5日（およそ38億年前）。その後、長い間様々な細菌類が生まれ、核のある真核生物が7月ごろ、多細胞生物が10―11月ごろ（諸説あり）に誕生し、11月末になってようやく魚類や昆虫が生まれます。12月には恐竜が誕生、繁栄、滅亡し、人類ホモサピエンスが誕生するのは大晦日の夜23時38分ごろで、大晦日の最後の30秒ぐらいになってようやくエジプト文明時代、明治維新は最後の1秒前、人工化学物質の産生は最後の0・5秒前という計算になります（図6-1[74]）。

人間は地球の長い歴史を通し、地球上に存在する生物が作りだしてきた生理化学物質を巧みに使

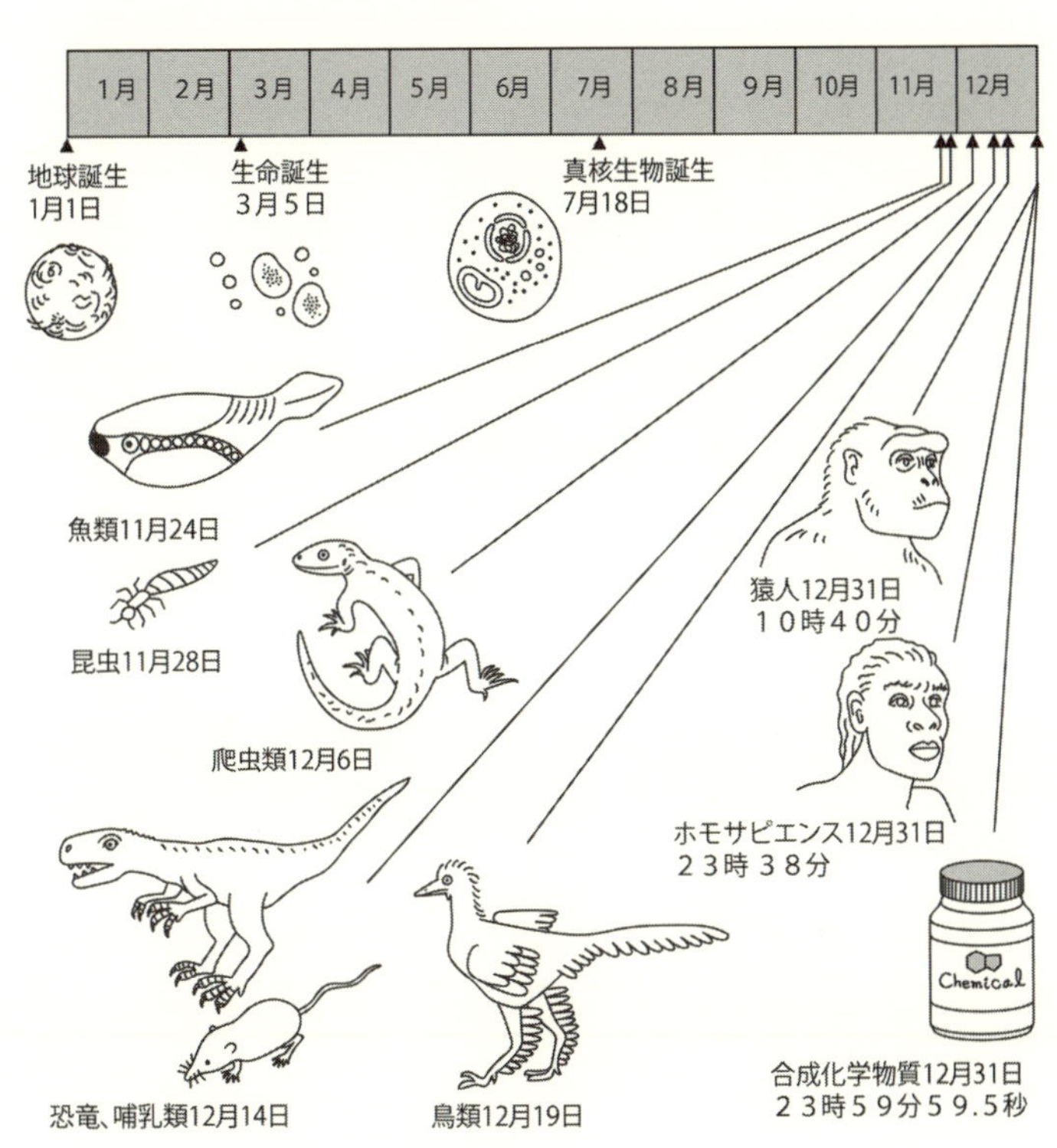

図 6-1　地球の歴史と人間の歴史
時間は文献 [74] を参考に 1 年に換算した。各年代によっては諸説があり、特定できない場合もある。　　（イラスト：安富沙織）

いまわして進化を遂げてきました。生物の設計図ともいえる遺伝情報のDNA、DNAからタンパク質が産生されるための遺伝子発現（DNA→メッセンジャーRNA→タンパク質）、タンパク質の元となるアミノ酸20種、これらの生き物の基本はほぼ共通です。もちろん生物種によって独自の生理化学物質を持っていることもありますが、基本的な生命活動においては、ホルモンや神経伝達物質など、驚くほど同じ物質や似た物質を使って生きているのです。次章の腸内細菌で触れますが、アセチルコリンやセロトニンなど神経伝達物質のほとんどが、細菌類でも産生され、生物が共通に使っています。

2015年、ある種の土壌細菌がイオンチャネルを介した電気信号で、細菌のコロニー内の情報交換をしていることが『ネイチャー』に発表され注目を集めました[75]。イオンチャネルを介した電気シグナルによる情報伝達は、人間の脳の神経細胞が情報を伝える基本ですから、細菌から人間まで似たシステムを使っていることに驚きます。

一方、46億年を1年としたら、人間が作り出した人工化学物質の出現は、大晦日の最後の0・5秒です。この長い進化の過程を顧みても、急にあらわれた膨大な種類の新しい人工化学物質に、人間も地球生態系もうまく対応できるわけがなく、あらゆる生き物が影響を受けるのは当たり前ともいえましょう。

2. 物質の輪廻転生——循環する化学物質

物質の循環も重要で、自然界では、地球生態系を構成する単細胞生物から高等動植物に至るまで、休むことなく生理的な化学物質が合成され、分解され、循環し、物質の輪廻転生をくりかえして、長い地球の歴史がつくられてきました。2016年ノーベル生理学・医学賞を取得した東京工業大学・大隅良典のオートファジー機構の研究は、細胞内で不要なタンパク質などを処分、再利用する仕組みの一種で、まさに細胞内における物質の循環、輪廻転生の機構ともいえる重要な生体反応系です。

3. 自然界の循環を攪乱する人工化学物質

４６億年の地球の歴史上、近年５０‐６０年の間に、いわゆる先進国の人間がもたらした人工化学物質の莫大な生産は、自然界の物質循環の均衡を破り、蓄積・難分解性の人工化学物質をまき散らしたのです。その後に、やや分解しやすいといっても、環境ホルモンやニセ・神経伝達物質など、生命活動を攪乱するような人工化学物質を自然界に放出し、物質の循環を混乱させてきました。深刻な海洋汚染で問題になっているマイクロプラスチックは、自然の循環系に乱入して生態系を破壊しようとしています。有害な重金属類は元は天然物ですが、水俣病の原因である有機水銀のように、人為的な力によって環境汚染を引き起こすこともありました。

これらの有害な環境化学物質の氾濫は、直ちに症状を出さないため、気づきにくいのですが、脆弱な生き物、胎児や小児に悪影響が出ていることは、科学研究から次第に明らかとなっています。日本などの先進国で不妊や不育症が問題となり、発達障害など子どもの健康障害が急増しています。このことは、環境化学物質だけが犯人といえないまでも、大きな要因となっているという科学的裏付けが出ています。このような環境化学物質の影響は、単一の有毒物質だけで障害が出るような従来の毒性とは違う、遺伝要因も絡んだ複雑な複合汚染によるものでしょう。そのため、これを科学的に厳密に実証することは極めて難しく、長い年月がかかると予測されます。

だからといって、このまま放っておいたら、取り返しのつかないことになります。将来を担う子どもたちの健康を守るため、地球温暖化の対策と同様に、予防原則を優先し、危険性のある有害な人工化学物質に対し早急に規制を進めることが必要です。ＥＵでは、有害な環境ホルモンや農薬の規制をすでに開始していますが、日本では対応が遅れています。人間に叡智があるならば、自分たちの技術に過信することなく、持続可能で地球生態系に寄り添った人間の営みを優先し、人工化学物質の反乱から抜け出す「べつの道」を目指したいと気づいている人も、日本で多くなっていることに期待を持ちたいと思います。

7章 人間と細菌たちとの共生関係

1. マイクロバイオーム

微生物、細菌と聞くと、怖い感染を起こす病原菌を思い起こす方が多いかもしれません。しかし感染症を起こす微生物や細菌以外に、地球上には目に見えない細菌類、カビ類など微生物が莫大な数生存し、無機物、有機物、すべての物質の循環に働いて地球生態系を維持しています。地球上の生物の中でも真正細菌(注)は一番多く、その数は10^{30}にもなり、重量換算すると約70億人の人間総重量の千倍にもなると言われていますから、その数のすごさに驚きます。その点から見ると、地球は真正細菌の星であるとも言われています[76]。

約38億年前、生命が地球上に誕生し、その後長い年月を経て細菌類は膨大な種類に進化し、地球のあらゆる場所に生息してきました。さらに多細胞生物、動植物などが進化してくる過程で、細菌類は他の生物と共生する道をたどってきました。植物では根粒菌が窒素固定を促進していることは以前からわかっていましたが、現在では植物体内にも共生している細菌類がいて、栄養を取り込みやすくしたり、免疫を強化していることが報告されています。動物でも、原始的な海の動物から哺乳類、人間まで細菌類と共生して、お互いに持ちつ持たれつの関係を作ってきました。

ヒトの体にも多くの微生物が共生しており、私たちの体は自分だけの独立した生き物ではなく、一つの生態系として存在しているという見方もあります。ヒトの体に生存している微生物群のほとんどは細菌類ですが、中にはカビ類やウイルスまで含み、これらはまとめてマイクロバイオータ（微生物相）と呼ばれています。マイクロバイオータは日本語で細菌叢(フローラ)といわれてきました。叢(フローラ）は微生物が植物相に分類されていた名残りで、現在では微生物相に入るので、間違いとする研究者もいます。本書では「叢」は様々な細菌類が群れているというイメージに合うので、細菌叢という表現も用います。微生物は通常目に見えないので私たちは普段意識していないのですが、私たちの体にはマイクロバイオータが口腔、鼻腔、胃、小腸、大腸などの消化器系、体の表面の皮膚や膣などで、それぞれの臓器で固有の種類が生きていて、互いに影響し合った共生生活を送っています。このようなマイクロバイオータとヒトとの相互関係をまとめた広い概念が、マイクロバイオームと呼ばれています。

人体を構成している全細胞数が約３０兆個であるのに対し、人体の常在菌の数はほぼ同程度の３８兆個と言われています（従来、細菌数は人間の細胞の約１０倍と言われていましたが、２０１６年の論文ではほぼ同等とされました）[77]。人間とマイクロバイオータの相互関係は、健康や疾病と密接に関わっていることがわかってきて注目が集まり、２００７年から日米欧、中国などの国際的なヒト・マイクロバイオーム計画が進められ、多様な解析が進んでいます[78、79]。常在菌はこれまでヒトから分離すると培養が難しく研究が進みませんでしたが、ＤＮＡなど遺伝子の解析技術が進み、ヒト・マイクロバイオームの研究が飛躍的に進みました。その結果、タンパク質の遺伝情報である遺伝子は、ヒトでは約２万３千ありますが、ヒトの常在菌がもっている遺伝子は約３００万〜１２００万もあるといわれており、ヒトの遺伝子は自らにはない細菌の遺伝子と協力しながら、栄養を分解して摂取し、肥満を防ぎ、免疫機能を獲得して、健康を維持していることが分かってきました。

もともと遺伝子は変異を起こす性質がありますが、一世代が長いヒトでは起こりづらく、短時間で増殖する細菌では環境に合わせた変異が起こりやすい上に、地球の長い歴史を生存し続け、多様な遺伝子をもってきたと考えられます。米国の医師ブレイザーは『失われてゆく、我々の内なる細菌』[80]に、常在菌が人間の健康維持に重要であることを解説し、抗生物質や抗菌剤などの乱用がヒト・マイクロバイオームの攪乱や減少を起こし、それが現代人の不健康や疾病に繋がっていると警告しました。

ヒトのみならず、地球生態系においても微生物は自然のあらゆる場所にいて、高所から深海底にまで存在して物質の循環に関わっており、さらにすべての生物との共生・相互関係を維持しているので、その存在は大変重要です。２０１０年には、米国の国立衛生研究所を中心に地球マイクロバイオーム・プロジェクト[81]が開始しています。地球マイクロバイオームの研究は、将来の持続可能な地球環境の存続にも関わる重大な課題ですので、今後の進展に注目です。

究極の共生といえば、私たち人間の細胞内にもあるミトコンドリアで、もとは細菌の一種と考えられています。ミトコンドリア内部には細菌特有の環状ＤＮＡがあり、細胞内で分裂・複製します。ミトコンドリアの環状ＤＮＡにコードされている遺伝情報は少なく、宿主の細胞の遺伝情報、タンパク質も使い、また逆にミトコンドリアはＡＴＰやアセチルＣｏＡのような高エネルギー物質を細胞に供給して、共生関係を維持しています。植物細胞にある葉緑体も、もとは細菌の一種と考えられており、地球上の生き物の深いつながりを感じます。

（注）細菌は核のない原核生物で、古細菌と真正細菌があり、私たちが通常知っている細菌のほとんどが真正細菌です。古細菌は、極端に環境の厳しいところに生存し、真正細菌とは細胞膜成分など生理化学的に大きな相違があります。この古細菌の体内にミトコンドリアの起源となる真正細菌の一種が入り真核生物へと進化したと考えられています。地球上の生命は、３つの大きなドメイン、古細菌、真正細菌、真核生物よりなり、真核生物には原生動物から動植物まで含まれます。

2．分かってきた腸内細菌

ヒトの消化管の常在菌は、口腔から直腸まで、それぞれの臓器により常在菌の種類、数も異なって多様な共生関係を築いています。1グラム当たりで換算すると、口腔では約１００億、胃では約1万と比較的少なく、小腸では約１０万~1千万、大腸では約1兆個の常在菌がいるといわれています。ヒトの体の中で、特に細菌が多い大腸では、約１０００種もの常在菌が存在し、細菌の総量が約1・5キロにもなるというのですから驚きです。このマイクロバイオータに含まれる細菌類は、現在わかっている情報から感染症などを起こす悪玉菌が約１０％、健康維持に関わる善玉菌が約２０％、それ以外にどちらにも属さない日和見菌が最も多く約７０％存在しているといわれています[82]。善玉菌には乳酸菌やビフィズス菌、酪酸産生菌、悪玉菌にはブドウ球菌や毒性の強いタイプの大腸菌などが知られています。また日和見菌は、善玉、悪玉どちらにも属さない常在菌で、嫌気性連鎖球菌など毒性の低い大腸菌などが知られています。

これらの分類は東京大学・光岡知足が便宜的に提唱したものです。どの細菌がどういう働きをしているのか、研究が始まったばかりで情報が少なく、人間が得た断片的な知識からの分類なので、研究者によって分類が異なったり、また今後の研究によって変わる可能性もあります。光岡自身も「善と思えるものの中にも悪の要素があり、悪の中にも善の要素があります。たとえば、悪玉菌である大腸菌にもビタミンを合成したり、感染症を防御したりする働きがあります。この面から見れば、一概に悪玉と呼ぶことはできないでしょう。」と著書『人の健康は腸内細菌で決まる』[82]に記載しています。

例えば、胃に生息するピロリ菌は胃がんの高リスク因子とされ悪玉菌として有名です。しかし、海外の研究ではピロリ菌は胃酸の産生を調節したり、食欲ホルモンの適切な調節にも関わっていて、ピロリ菌駆除で胃がんのリスクが減っても、胃酸の逆流性食道炎や肥満を起こすという報告があり、ピロリ菌が必ずしも悪玉菌ではない可能性が指摘されています。ただし、ピロリ菌にも種類があり、日本人に多く見られるピロリ菌は胃炎を起こしやすいタイプなので、駆除した方が良いという見方もあり、判断は複雑です[83]。

また、皮膚の常在菌であるブドウ球菌や連鎖球菌は通常有害ではありませんが、血中に入って増殖すると敗血症を起こすなど、生存する場所や宿主である人間の健康状態によって、影響が変わることがあります。マイクロバイオームの研究は近年始まったばかりで、常在菌が体内でどのように共生して相互作用を持っているのか、私たち人間が知らないことの方が多いのが現状です。今後の研究の進展に注目していきましょう。

さて、消化管の中でも、最近の健康ブームの一つとして、腸内細菌の重要性が話題になっています。前述したように、小腸、大腸では腸内細菌の種類と数が大きく異なっています。小腸でも大腸でも、食物の栄養や水分が吸収されますが、小腸では主な栄養素（炭水化物、タンパク質、脂質）が分解・吸収され、その残りが大腸に送られて、小腸で吸収されなかったミネラルや水分が吸収され、残りが便になります。小腸では乳酸菌が主に働き、大腸ではビフィズス菌が主に働くといわれていますが、それ以外にも栄養素の分解、吸収を担っている常在菌が重要な働きをしています。小腸、大腸の腸内細菌は、私たちの体内に生息して栄養を得る代わりに、摂取した食物から人間が合成できないビタミン類を作り出し、人間が取り込めない多糖類を分解して吸収できるようにしてくれるなど、人間と共生の道をたどってきたのです。

２０１６年、早稲田大学、東京大学の共同研究では、日本人の腸内細菌叢に新たな約５００万もの遺伝子を発見し、その中には海藻の分解酵素をもつ細菌など、日本人特有の食生活にあった腸内細菌が見つかったと発表しました[84]。人間は長い年月をかけて、人間のもたない酵素など有用な遺伝子を持つ細菌と共生関係を持つようになり、それが健康維持に役立っていたとは興味深い事実です。最近では、大豆に含まれ女性ホルモン作用のあるイソフラボンを、より活性の強いエクオールという物質に変換する腸内細菌が話題となっています。

また人類が持つマイクロバイオームは4つの門に分類され、ほぼ同じ性質を持っているようですが、前述したように食生活などによって傾向が異なり、さらに細かく分類すると個人ごとに、特有の腸内細菌叢を持っていて、たとえ一卵性双生児であっても違いがあるというのも興味深い事実です[76]。肥満も腸内細菌叢と関わりがあるといわれており、特定の腸内細菌の働きによって脂肪が脂肪細胞に蓄積せずに燃焼されやすくなるという報告や、肥満の人の腸内細菌叢は痩せている人に比べ、種類が少ないなどという報告がでています。いずれにせよ、バランスの良い腸内細菌叢が健康維持に重要と考えられています。

このように小腸、大腸はそれぞれ栄養素や水分を吸収しているのですが、最も大きな違いは、免疫系の活性化が小腸の腸管免疫で起こっていることです。次に、私たちの健康維持に欠かせない免疫系において、重要な役割を果たしている腸管免疫について考えてみましょう。

3. 注目の腸管免疫

小腸には、体の中で最も大きな免疫系があり、免疫系の細胞がなんと60~70%も腸管免疫系に集まり、複雑な免疫系細胞の機能調節が行われています。なぜ、小腸にそのような免疫系が備わっているのでしょうか。もともと免疫系は、自己以外の異物を排除するシステムですが、自己以外の物質でも栄養は必要なので、排除せず取り込む必要があります。食事で摂取した炭水化物、タンパク質や脂質は、食道、胃を経て小腸にたどりついて、ようやく本当の体内である腸の吸収上皮細胞に取り込まれていきます。つまり、食べた物は一見、体内に入ったように見えますが、口腔内、食道、胃ではまだ本当の体内に入っているのではなく、私たちの真の体内である消化管内部に取り込まれたのではないのです。

私たちは、外部の世界と常に接して生きていますが、外来からの物質を自分の体内にはじめて取り込むのは、小腸です。ですから、小腸では食べた物を必要な栄養物と見なして体内に取り込むか、それとも病原菌など不必要な有害物と見なして免疫系の攻撃対象とするのか、腸管免疫系がその重要な選択をしているのです。

小腸には、栄養を吸収する小腸上皮細胞の合間に、パイエル板という特別な免疫系機能を持つ部位があります（図7-1）。パイエル板では、M細胞が病原菌の抗原を取り込み、内部にある免疫系の細胞が刺激を受けて活性化します。その結果、病原菌にはＩｇＡという特別な分泌型抗体を腸管の粘液中に出し、病原ウイルスに対しては、細胞性免疫で攻撃して体を守っています。

免疫系は本来、自己、非自己を認識して、非自己に対して攻撃するシステムです。病原菌だけでなく食物も非自己として免疫の対象となってしまうと、栄養を摂取できないので、食べたもののうち無害な物は免疫対象としない仕組みがあります。それを経口免疫寛容といいます。この仕組みがあるの

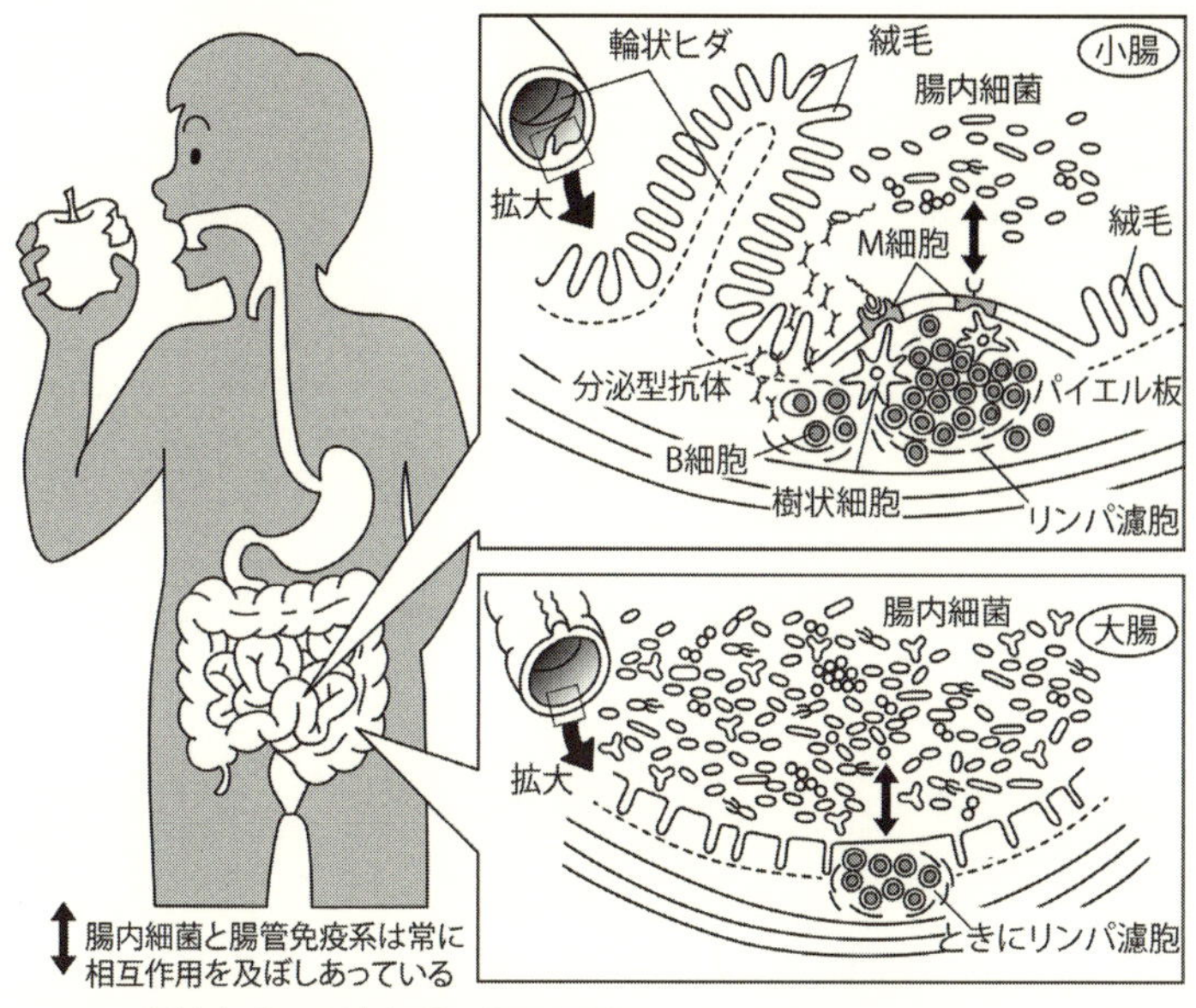

図 7-1　腸管免疫と腸内細菌の相互関係
小腸の腸管免疫系には、体内のもっとも多い免疫細胞が集まっており、有害な病原菌がいるとパイエル板にある M 細胞が取り込み、抗体を産生する B 細胞が活性化して、分泌型の抗体を産生する。大腸の腸管免疫細胞は少ないが、より多くの腸内細菌が存在して、栄養の取り込みを助けたり、ビフィズス菌や酪酸菌のような善玉菌が免疫機能をサポートしている。
（イラスト　安富佐織）

で、私たちは多様な食品を美味しく食べて栄養とできるのですが、栄養になる食品でも免疫の攻撃対象となってしまうと食物アレルギー反応を起こし、場合によってはショック状態を起こしてしまうことがあるのです。この経口免疫寛容には、抑制性の免疫細胞が重要な役割を果たしているのですが、小腸では乳酸菌のような腸内善玉菌が、抑制性の免疫機能の調整を担っていることが分かっています。

一方、大腸には免疫系の細胞は少なく、莫大な数の腸内細菌が存在して、なかにはビフィズス菌のように殺菌作用の強い酢酸を産生し、病原菌の増殖を抑えて体を守ってくれるものもいます。長寿の人に多いという、酪酸産生菌も大腸で重要な善玉菌です。酪酸産生菌は、食物繊維で増殖し、酪酸が抑制性免疫系を活性化して、腸内細菌叢のバランスを調整しているといわれています。大腸の免疫系では、人間に必要な腸内細菌を排除しないように、抑制性の免疫細胞が働いていることが報告されており、人間が長い年月をかけて腸内細菌と共生生活を行ってきた歴史を感じさせてくれます。

このように腸管免疫系や経口免疫寛容では、腸内細菌が重要な役割を果たすことが分かってきています。腸内細菌が産生する代謝物や細菌の成分などが、腸管免疫系で私たちの免疫細胞に働きかけて調整しているのです。ある細菌は免疫を抑制する免疫細胞を増やし、また別の細菌は免疫を活性化する免疫細胞を増やすという具合に、免疫機能のバランスをとっていることが分かってきました。腸内細菌叢のバランスが良いと、腸管免疫系だけでなく全身の免疫系のバランスも良くなるというのですから、腸内細菌は有り難い存在です。

昔は不要だと考えられてきた虫垂は腸内免疫に重要なリンパ組織で、腸内細菌叢のバランスにも役立っていることが分かってきました[85]。下痢や抗菌剤の服用などで、腸内細菌叢のバランスが崩れた際、虫垂から細菌叢が供給されて、バランスを戻す役割を担っているそうです。また口から摂取したものは経口免疫寛容が起きやすいことから、アレルギーの治療の一環としても使われてきており、花粉を少しずつ経口摂取して免疫寛容を起こさせ、花粉症の症状を抑える試みが実施されています。

ところで乳酸菌の作り出す乳酸は、健康に良いといわれていますが、筋肉を使い過ぎてたまる乳酸は疲労を起こす物質といわれてきました。最近の研究から、筋肉にたまる乳酸は疲労を起こす物質ではなく、むしろエネルギー源として使われることがわかってきました。これまで当たり前で常識と思っていたことが、後から覆されることがあるので、頭を常に柔軟にしておく必要があるようです。特にマイクロバイオームの研究は始まったばかりで、これから新しい事実がどんどん出てくるでしょう。細菌類は生き物としての歴史が38億年と桁違いで、その多様な働きはまだほんの一部分かってきただけです。人間がこの地球で持続可能な生態系を維持し、すべての生命と共に生きていく上で、細菌類は欠かすことのできない存在です。むやみに抗菌剤や殺菌剤を使って殺菌効果ばかりを気にするのは、古い考えと捨て去る時期にきています。

4. 子どもの発達に重要な腸内細菌

この重要な腸内細菌についても、生後の発達期が重要であることが分かっています。子宮内の胎児は基本的に無菌状態ですが、赤ちゃんがお母さんの膣を通って生まれる時に、お母さんの持っている細菌叢をもらって生まれます。生まれてからも母乳を吸ったり、親と接したりする過程で様々な細菌を取り込み、乳児期後期には独自のマイクロバイオームを持つようになります。膣をくぐり抜ける際にもらう細菌類は、赤ちゃんの免疫系の発達に重要で、帝王切開の赤ちゃんでは、アレルギーになりやすいことが分かってきました[80、86]。膣内の細菌叢は腸内細菌叢とよく似ていて、母親の腸内細菌叢を出産時に赤ちゃんがもらうと、腸内細菌叢の働きで免疫系が正常に機能するようになり、健康に発達していくというのですから、人間の体はよくできています。免疫系は、子どもの脳の発達にも重要な働きをします。シナプス形成では、いったん過剰なシナプスが出来た後、ミクログリアという脳内にある免疫系の細胞が、不要なシナプスを刈り込むことが必要です。ミクログリアの正常な分化、発達にも腸内細菌が働いていることが最近の研究で分かってきました[87]。

最近では帝王切開を行った場合に、お母さんの膣成分を含んだガーゼで赤ちゃんの口や体を拭って、自然分娩に近い状態に改善する試みが始まっています。食品アレルギーやアトピーは近年、急増した免疫異常ですが、腸内細菌叢の研究からアレルギーの急増の大きな要因（注）は、腸内細菌叢の異常ではないかと考えられてきています。腸内細菌叢のバランスがくずれると、過剰な免疫反応を抑える免疫細胞が減少し、アレルギーを起こしやすくなってしまうことが分かってきました[88]。腸内細菌叢の異常はアレルギーだけでなく、自己免疫疾患、肥満、糖尿病など多くの疾患との関連が指摘されています。近年急増している潰瘍性大腸炎は、自分の大腸粘膜を攻撃する免疫が働いてしまう自己免疫疾患です。潰瘍性大腸炎は、腸内細菌叢の乱れが関わっているともいわれており、健康な人間の腸内細菌叢を移植する糞便移植法に効果がみられる場合があると報告されています[89]。

（注）アレルギー急増の大きな要因：「衛生仮説」から「旧友仮説」へ
近代社会では、衛生状態が良くなり寄生虫感染が激減したため、攻撃対象を失った免疫系が暴走して、アレルギーが急増したとする考え方が「衛生仮説」です。この説はアレルギー増加の原因として支持されてきましたが、

一方で自己免疫疾患の急増については説明が付きませんでした。

最近の研究から、多様な種類の免疫細胞のうち、病原菌、ウイルス、寄生虫それぞれへの攻撃を誘導する3種類のヘルパーT細胞と、このヘルパーT細胞が暴走するのを抑える抑制性T細胞の存在がわかってきました。ヘルパーT細胞のうち、IgEという抗体の産生を誘導するタイプが暴走するとアレルギー反応が起こり、別の特定なヘルパーT細胞が暴走すると自己免疫疾患が起こると考えられてきています。これらの暴走を抑える抑制性T細胞は、腸内免疫系に多く存在し、さらに腸内細菌がこの抑制性T細胞を増やす役割を担っていることが分かってきています。抗生剤、抗菌剤の乱用などで腸内細菌のバランスが崩れ、抑制性T細胞が正常に働かなくなったことにより、アレルギー反応が起こるという考え方が「旧友仮説」です。腸内細菌は、古くから人間の友であるのかもしれません。

5. 脳腸相関と腸内細菌

最近の研究では、腸内細菌叢の異常は、脳神経系の疾患とも関連している可能性が指摘され、特別な型の自閉症（後退性自閉症）や統合失調症、パーキンソン病との関連などが報告されています[90, 91]。従来、腸と脳には深い関わりがあると言われてきましたが、近年、脳と腸内細菌叢の関わりについての研究が進み、注目を集めています。ストレスでお腹の調子が悪くなることは、誰もが体験し、逆に腸の調子が脳に影響することも知られていました。腸の動きは通常自律神経系でコントロールされていますが、腸には独自な神経ネットワークがあり、脳からの指令がなくとも活動できることから、腸は「第二の脳」とも呼ばれてきました。脳腸相関とは、腸と脳が相互に影響しあうことを意味していますが、最近では腸と脳との相互関係には、腸内細菌叢が重要な役割をもっていることが分かってきました。

九州大学・須藤信行らの研究では、腸内細菌を持たない無菌マウスにストレスを与えると、ストレスホルモンが上昇し、記憶や学習に重要な神経栄養因子が減少して、神経細胞の成長が障害されました[92]。この無菌マウスにビフィズス菌など善玉腸内細菌を与えたところ、ストレスホルモンが減少し、神経栄養因子の濃度も上昇して回復しました。他のマウスを用いた実験でも、腸内細菌叢と脳の情動などとの影響に関わる研究が進み、有益な常在菌の存在が脳に良い影響を及ぼすことが分かってきました。腸内細菌叢が脳に影響を及ぼす経路については、自律神経系求心路を介した影響、免疫系を介した影響、腸内細菌叢が産生する生理活性物質などが血液を介して及ぼす影響などが考えられており、現在も研究が進んでいます。前述した脳内の免疫細胞であるミクログリアは、成人の脳でも重要ですが、この維持に腸内細菌が関わっているという報告も出てきます[87]。自閉症などの治療にも、腸内細菌叢の改善が試みられ、ケースによっては症状が改善されることもあり、今後の注目分野です。

6. 腸内細菌を脅かす環境化学物質

腸内細菌叢の異常を起こす原因についても、人間が作り出してきた合成化学物質の問題が大きく影響することが科学的に分かってきています[80]。腸内細菌叢の異常を起こす原因としては、①抗生剤(抗菌剤)の乱用、②除菌剤、殺菌剤の乱用、③抗菌剤、除草剤、殺虫剤などの農薬が報告されてきています(注)。抗生物質はもともとカビから発見された細菌だけに効果のある天然の化学物質ですが、抗生物質と同じ作用をもつ人工合成された抗菌剤が開発され、多量に使用されるようになりました。病原菌の治療に、抗菌剤は欠かすことのできない重要な薬剤です。しかし、多量に乱用すると、腸内細菌叢のバランスを大きく壊してしまう危険性があることはあまり考えられてきませんでした。

(注) 抗生剤、抗菌剤、除菌剤、殺菌剤の違い：抗生剤はもともとアオカビなどから発見された天然の物質で、細菌特有の細胞壁を壊したり、細菌特有の増殖系を抑制するなどして、細菌の増殖を抑制する効果をもちます。抗菌剤は、人工的に合成された物質で、抗生剤と同様の作用を持つものですが、抗生剤を含む場合もあり、種類はたくさんあります。除菌剤は消毒用アルコールや次亜塩素酸など、細菌数を有効に減らす効果のある化学物質で、殺菌剤はその名の通り、細菌を死滅させる効果があり、細菌の代謝系、細胞分裂、タンパク合成、核酸合成を阻害するなど強い殺菌効果を持っています。

今では規制されていますが、抗生剤（抗菌剤）は、抗生物質の効かないウイルス性の風邪を引いた時でも、予防薬として当然のように投与されてきました。特に腸内細菌叢が大人より未成熟な新生児や小児期に抗菌剤を使用すると、腸内細菌叢のバランスが悪くなり、アレルギーが起こりやすくなることが疫学研究からも分かっています。病原菌感染症にかかった場合に抗菌剤は必要ですが、使い方にはもっと注意が必要だったのでしょう。抗生物質の乱用による弊害については『抗生物質と人間』[93]に詳しく記載されています。また抗生物質の代替として、特定の病原菌のみを標的とするウイルスの一種、バクテリオファージを使った治療にも注目が集まっています[94、95]。

抗菌剤は、人間だけでなく家畜の細菌感染治療以外にも、家畜の飼料添加物や魚の養殖、農産物にも農薬としても多量に使われてきました。実際、人間の医療用抗生剤より、家畜や魚の養殖に使われている抗菌剤のほうがずっと多いのです。農水省の２０１１年の資料によれば、日本全体の抗菌剤使用量1747トン中、人間の医療用が33%、家畜の動物医薬品が45%、家畜飼料添加物13%、農薬9%として使われていました[96]。私たちは薬として抗菌剤を服用する以外に、食事経由で残留した抗菌剤入りの肉や農産物などを摂取してきたことになるのです。

このような抗菌剤の乱用により、強毒性の薬剤耐性菌が多く生まれてきて、世界的にも社会問題化し、抗菌剤の使用規制の動きが欧米で進み、日本でも医療分野では取組が始まっています。厚労省の薬剤耐性菌の情報では[96]、日本における薬剤耐性菌の検出率は、ペニシリン耐性の肺炎球菌では世界で一位となっており、早急な対応が必要です。

除菌剤や殺菌剤の乱用も問題です。日本人はきれい好き、清潔好きですが、前述したように、私たち人間はバランスのとれた細菌叢と共生して生きているので、無差別に細菌を殺すような除菌剤や殺菌剤はかえって健康障害を起こすことがあります。アトピー性皮膚炎では、腸内細菌叢の異常によるアレルギー反応だけでなく、皮膚の常在菌のバランスがくずれ、善玉細菌が減り、悪玉細菌が増加していると言われており、過剰な皮膚の除菌は症状を悪化させると警告されています。皮膚の常在菌は、有害な化学物質や病原菌のバリアともなっているので、石鹸で皮膚をごしごし頻繁に洗うのはやめましょう。

抗菌剤や、除草剤、殺虫剤などの農薬も、腸内細菌叢に異常を起こすと複数報告されています。農薬は殺生剤（バイオサイド）ですから、農産物の病原菌や害虫を殺すだけでなく、残留農薬が腸内細菌叢に悪影響を及ぼす可能性は十分考えられます。農薬の毒性試験には、腸内細菌叢への影響は入っていませんが、今後調べていく必要があるかもしれません。

なお、この章では腸内細菌叢が免疫系にいかに重要で、抗生物質や抗菌剤などの使い過ぎによる攪乱が起こっていることを記載しましたが、ダイオキシン、トリブチルスズ、フタル酸エステルなどの環境化学物質や大気汚染も、免疫細胞のバランスに異常を起こし、アレルギーを増やしたり、自己免疫疾患を起こしたりすることが報告されています[97]。免疫系の調節機構は複雑で多様な経路を経て行われていますので、抗生剤による腸内細菌叢の異常に加え、環境化学物質の複合曝露により、多様な免疫異常が起こっていると考えられるでしょう。免疫系細胞の分化や機能について、詳しいことは専門書をご覧ください。

また腸内細菌叢を良い状態に保つには、有害な環境化学物質を避けることも重要ですが、健康的なバランスの良い食事をとることも重要です。食物繊維、オリゴ糖を含む食品類など善玉菌を増やすプレバイオティクス類、発酵食品、ポリフェノール、適度な運動は腸内細菌のバランスを整える効果があるようです。

逆に腸内細菌叢のバランスが乱れ悪玉菌を増やすのは、抗菌剤や有害な環境化学物質以外にも高脂肪食、ストレス、運動不足があげられています。乳酸菌やビフィズス菌など善玉菌、プロバイオティクスはヨーグルトやサプリメントがたくさん売られていますが、それ以外のバランスの良い食生活や運動などで、腸内細菌叢の状態を良くするよう心掛けたいものです。

■コラム７：腸内細菌が神経伝達物質を産生

腸内細菌は種類によって、セロトニン、アセチルコリン、ドーパミン、ＧＡＢＡ、ノルアドレリン、メラトニン、グルタミン酸など、人間の脳神経系で重要な神経伝達物質として使われている物質を産生することが知られています。このうちセロトニン、ドーパミン、ノルアドレナリン、メラトニンなどはヒトを含む哺乳類ではホルモンとしても使われている物質です。もちろん腸内細菌には脳神経系も内分泌系もありませんが、これらの物質は細菌にとっても生理的な機能をもっています。私たち人間は腸内細菌とこれらの物質を介して、お互いに調節作用をしていることが示唆されています。

幸福ホルモンとも呼ばれるセロトニンは、腸の分泌細胞が体の約９０％のセロトニンを産生しており、腸の蠕動運動の調節を担っています。セロトニン産生を調節しているのが、ある種の腸内細菌です。セロトニン濃度に異常がある過敏性大腸炎では、腸内細菌叢のバランスをよくすると症状が改善すると報告されています。これら共通の生理活性物質は、細菌などの単細胞生物が獲得してきた重要な物質で、高等動物に進化してきた際も、脳神経系や内分泌系で巧みに使いまわされてきたと考えられます。見えない世界ですが、腸内細菌の働きは侮れません。

8章　化学物質が人体に入る三つの通り道

次に、私たちの体に化学物質はどのように入ってくるか、考えてみましょう。体に化学物質が入る経路としては、口から摂取する経口、呼吸から入る経気、皮膚から入る経皮の3通りが考えられます。それぞれの具体的な環境化学物質と発生源を表8‐1に示しました。

1．口から入る化学物質

まず経口ですが、食べものには表に示したように、様々な化学物質が混入して、私たちの体の中に入ってきます。口から入った物は、腸で膵液や胆汁などの消化液と混ざって分解され栄養素として、腸で吸収されます。吸収された栄養素は腸間膜の血管から門脈に入り、肝臓に運ばれ、様々な酵素により毒物は解毒されてから、全身の血管に運ばれていきます。肝臓には毒物を解毒する酵素がたくさんあるので、取り込んだ物質によっては解毒作用を受ける場合もあります。しかし、これまで自然界

人体で起こる影響	含まれているものや発生源
環境ホルモン作用	魚（生態系上位のマグロなど）・肉の脂肪分
神経毒性、発達神経毒性	魚（生態系上位の魚類）
神経毒性	アルミ鍋（酸性条件で溶出）、食品添加物
神経毒性、発達神経毒性	野菜や果物の残留農薬
環境ホルモン作用	テフロン加工フライパン、撥水加工品
環境ホルモン作用	ポリカーボネート製食器、缶詰コーティング
環境ホルモン作用	栄養ドリンク類
環境ホルモン作用	カーテン、カーペット、家具、家電製品
神経毒性、発達神経毒性	シロアリ駆除剤、建材の防虫剤
刺激性、炎症反応、アレルギー反応	壁紙、絨毯、低反発枕、アイロン台、ジェルネイル、接着剤、徐放剤原料など
環境ホルモン作用	プラスチック製家具、衣料品など
環境ホルモン作用	防水スプレー、ゴアテックス製品
環境ホルモン作用	芳香剤、消臭剤、柔軟剤
アレルギー、生殖毒性	除菌・消臭スプレー、柔軟剤
神経毒性、発達神経毒性、免疫毒性、生殖毒性	家庭用殺虫剤、蚊取線香、電気式香取線香、害虫忌避剤、燻煙殺虫剤、誘因殺虫剤ガーデニング用殺虫剤、除草剤、殺菌剤
アレルギー、発達神経毒性	PM2.5、車の排気ガス、煙草など
アトピー、生殖毒性、腸内細菌の不均衡	除菌シート、手指消毒剤、除菌・防臭スプレー、柔軟剤
環境ホルモン作用	ローション、化粧品、日焼け止め、赤ちゃんのお尻拭き
神経毒性、発達神経毒性、免疫毒性、生殖毒性	ペットのノミ・ダニ取り用首輪や添加剤など

＊カルバミン酸エチル（エチルカルバメート、動物用麻酔薬として使用）はウレタンとも呼ばれる低分子化合物だが、イソシアネートを原料とした高分子のポリウレタンやウレタン製品とは異なる物質である。

表8-1　身の回りにあふれる環境化学物質

		環境化学物質の種類
経口	食べもの	PCB、ダイオキシン、有機塩素系農薬DDTなど残留性有機汚染物質類
		有機水銀
		アルミニウム（イオン化して溶出したものが危険）
		有機リン系、ネオニコチノイド系殺虫剤、他の農薬
		有機フッ素化合物
		ビスフェノールA(BPA)、ビスフェノールF（BPF)、ビスフェノールS（BPS)
		パラベン類（食品添加物として）
経気	家具、家の建材、家電、生活用品	臭素系難燃剤PBDE、BBB、TBBPAなど
		ネオニコチノイド系、ピレスロイド系、カルバメート系殺虫剤、フィプロニル殺虫剤
		イソシアネート類（ポリウレタン、ウレタンフォーム、ウレタン樹脂*原材料）
	家具、日用品	フタル酸エステル類（プラスチック可塑剤）DEHP, DBP, BBPなど
	日用品	有機フッ素化合物PFOS, PFOAなど
		合成香料
		塩化ベンザルコニウム（殺菌剤）
		有機リン系、ネオニコチノイド系、ピレスロイド系、カルバメート系殺虫剤、除草剤、殺菌剤
	大気汚染	水銀、農薬類、揮発性有機化合物（VOC)、煙草に含まれるニコチンや発がん性物質など
経皮	生活用品	塩化ベンザルコニウム
	化粧品	合成防腐剤パラベン類（パラオキシ安息香酸エステル類）
その他		ネオニコチノイド系、ピレスロイド系殺虫剤、殺虫剤フィプロニル

に存在しなかったＰＣＢなど難分解性の残留性有機汚染物質類は肝臓でも分解しにくく、体内に残り脂肪に蓄積しやすいことが分かっています。またＰＣＢは一部が代謝されて、水酸化ＰＣＢなどになり、それ以上分解が進まずに脂肪や血液など体内に残って毒性を発揮することが確認されています。

ダイオキシンやＰＣＢなど残留性有機汚染物質類は、魚介類に多く、特に生態系上位のマグロ、クジラなどの脂肪分に多く含まれますので、常時マグロのトロなどを食べることは避けましょう。魚介類はＤＨＡやＥＰＡなど健康に必要なオメガ３系脂肪酸を多く含んでいますので、汚染の少ないイワシ、アジ、サンマなど種類を選んで食べると、残留性汚染物質が避けられます。

水俣病の原因である有機水銀も魚介類に含まれ、なかでも生態系上位の魚に多く含まれていますので、残留性有機汚染物質類と合わせて生態系上位の魚介類には注意しましょう。有機水銀は比較的代謝されやすく、摂取しないと数か月で体内の水銀が排出されることが分かっています。

環境ホルモン作用の確認されているビスフェノールＡ（ＢＰＡ）は、使用されている容器を加熱すると、少しずつ溶出してきます。ＢＰＡは環境ホルモン作用やエピジェネティック変異を介して、生殖器の発達異常、糖尿病や肥満などの代謝異常、ＡＤＨＤなどの発達障害を起こすという報告が動物実験で多数あり、海外では使用禁止や規制されている国もあります。日本国内では、赤ちゃんの哺乳瓶にはメーカーの自主規制により使用されていないようですが、ポリカーボネート製の食器や缶詰のコーティング、その他プラスチック製品に使用されています。缶詰のコーティングは、最近ＢＰＡの使われているエポキシ樹脂からラミネートフィルム（ポリエステル系など）のような、代替物も使われてきているようです。

ビスフェノールA（BPA）は大人の肝臓では代謝酵素が働き、尿とともに排泄されやすくなりますが、胎児や小児の肝臓では代謝酵素がまだ発現していないので、影響を受ける可能性が高くなります。BPAにはビスフェノールS，ビスフェノールFなど多種類の類似化合物があり、これらも環境ホルモン作用が報告されていますが、すでに多量に使用され環境中からも検出されています。

野菜や果物に残留した有機リン系、ネオニコチノイド系殺虫剤などの農薬は、食事経由で摂取する可能性がありますので、なるべく無農薬や有機の野菜・果実を食べましょう。

調理器具から食品に入ってくる環境化学物質としては、フッ素加工したフライパンから出る有機フッ素化合物やアルミ鍋から溶出するアルミニウムがあります。フッ素加工のフライパンは焦げ付かずに便利ですが、熱しすぎたり古くなったりすると、表面から有害な有機フッ素化合物が出てきますので、注意しましょう。

アルミニウムはイオン化した状態だと神経毒性が高く、アルツハイマー病など認知症発症のリスク因子であり、子どもの脳発達にも悪影響を及ぼすことが分かっています[98、99]。特に子どもはアルミニウムを摂取しすぎないよう、WHOでも基準値を厳しく設定して、アルミニウムを含むミョウバンやベーキングパウダーなどにも注意を促しています。

アルミ鍋に酸性の食べ物を入れると、鍋からアルミニウムがイオン化して溶出してくるので、要注意です。市販しているアルミ鍋は、酸性のお酢やアルカリ性のコンニャク、重曹などの食品に使用すると、アルミニウム・イオンが溶出しやすいため、避けるようにと記載されています。アルミ鍋を使う方はくれぐれも注意しましょう。最近の論文では、アルツハイマー病患者の脳中には、高いアルミニウム濃度が検出されたという報告も出ています。

アルミニウム、水銀、鉛などは、もともと地球上にある金属類で人工化学物質ではありませんが、人間が何らかの手を加えたことによって、知らず知らず多量に摂取することがあります。鉛は古い水道管に使われていると、劣化して水道水に混じってくることがあります。水銀は、比較的毒性の低い無機水銀が生態系の循環から海に流出し、微生物の代謝により毒性の高い有機水銀となって、魚介類に蓄積されていきます。

防腐剤パラベン類は、栄養ドリンクなどに食品添加物として入れられていることがあります。パラベン類の中でも、ブチルパラベン、プロピルパラベンは環境ホルモン作用が強く、ＥＵでは規制が強まっていますが、日本ではパラベンの種類までは分かりません。調理食品などには、多種類の食品添加物が加えられていることがあります。食品添加物は、食品衛生法で「食品の製造の過程において又は食品の加工若しくは保存の目的で、食品に添加、混和、浸潤その他の方法によって使用するもの」と規定されており[100]、４５４種（平成２８年１０月現在）もの指定添加物には一日摂取許容量（ＡＤＩ）や使用基準が設定されています[101]。しかし重ねて指摘しますが、ＡＤＩの試験には発達神経毒性や環境ホルモン作用などは入っていません。また、添加物の種類を全て記載する義務はなく、例えば香料は一括表示で何が入っているかわかりません。食品類は、自分の目で何が入っているのか確かめ、不要な添加物のない安全な食べ物を選択したいものです。

2．呼吸から入る化学物質

呼吸から環境化学物質を取り込む経気の場合、肺に入った有害な化学物質は経口と違い、解毒機能をもつ肝臓を経ずに直接血管に入り、全身に送られてしまうので、より注意が必要です。大気汚染物質では、1970年代に問題となった二酸化窒素や硫黄酸化物、揮発性有機化合物、自動車の排ガス規制など大気汚染防止法で規制されてきており、これらについては大分よくなってきました。しかし、大気汚染微粒子PM2・5、難燃剤、合成芳香剤、殺虫剤など新しい環境化学物質の経気曝露が問題になってきています。

東京都健康安全研究センターの情報を見ると、室内を汚染している物質が、思いのほかたくさん見つかっています[102]。殺菌作用のあるホルムアルデヒドはよく知られ規制されてきていますが、それ以外に住宅建材や家具にも防虫剤として殺虫剤が使われ、空気中に検出されることもあります。

床下の白アリ駆除剤にも殺虫剤が使われ、これが徐々に室内の空気中に出てくることも確認されています。難燃性化学物質には臭素系有機化合物PBDE、BBB，TBBPAなどがあり、難燃加工されたカーテンや家具、寝具、子ども服、家電製品に使用され、少しずつ空気中に出てきて室内の空気を汚染しています。臭素系難燃剤は難分解性で環境ホルモン作用のある物質もあり、なかでもPBDEは甲状腺ホルモン攪乱作用があり、発達期の子どもの曝露は、IQ低下や注意力低下など脳の発達に悪影響を及ぼす報告があります。

ＥＵではＰＢＤＥを含み臭素系難燃剤数種を禁止していますが、日本では企業の自主規制にとどまっているのが現状です。難燃剤には臭素系以外にも有機リン系難燃剤があり、これも環境ホルモン作用や神経毒性が疑われています。もちろん火事は怖いですし、燃えにくい物の存在は有り難い一面がありますが、健康に問題があるような合成物質だったら使用しないほうがいいでしょう。また。コンピュータや家電製品などからは、使用されたプラスチックからフタル酸エステルなどの可塑剤も空気中に出てきます。またハウスダストというとダニなどを連想される方が多いでしょうが、ハウスダストの中にはカーテンや家具に使われた難燃剤やフッ素化合物、フタル酸エステルの微粒子なども検出され、何でも口に入れる幼児にはより注意が必要です。日本では芳香剤や消臭剤も多用されていますが、これらにも有害な人工合成香料が含まれており、環境ホルモン作用や発がん性が疑われているものがあります。

大気汚染も注意が必要です。ＰＭ２・５には、多種類の有害な環境化学物質が付着しており、水銀などの重金属や農薬が多種類検出されたという報告が出ています。車の排気ガスは世界中で規制が強まっており、日本も規制が進みつつあります。特にディーゼル車の排気ガス微粒子は杉花粉と共に、花粉症発症のリスクを上げ、症状を重症化することが報告されています[103]。

タバコによる健康障害は科学的に明白となった事実で、日本では２０１７年１０月に東京都で初めて「子どもを受動喫煙から守る条例」が採択されました。タバコには、毒物指定のニコチンや多種類の発がん物質が含まれており、特に胎児には有害で、母親の喫煙や受動喫煙が早産や低体重出生、気管支炎、喘息、ＡＤＨＤ、乳児突然死症候群のリスクを上げることが分かっています。

人工香料の多用も問題となってきています。日本では強い人工香料の入った芳香剤や洗濯柔軟剤などが多種類販売される一方で消臭剤がたくさん売られています。これらの匂いに関わる人工化学物質によって気分が悪くなったり、体調不良になったりする人が増えています。消臭剤といっても、匂い物質を消すのではなく、消臭剤に含まれている化学物質で覆ってしまうだけですから、目に見えず匂いを感じなくても、空気中に複合化学物質が存在して息とともに吸い込んでいることになります。

経気で入る物質の中でも、匂い物質は鼻の内部にある特殊な神経細胞である嗅細胞の受容体に結合して、その信号が直接脳に伝達されるので、脳への影響が大きいのです。匂い物質の脳への信号伝達は、匂いを感じる大脳皮質嗅覚野に直接伝達する経路もありますが、大脳辺縁系と呼ばれる脳でも本能や自律神経系に関わる領域に伝達する経路があります。この大脳辺縁系には、情動に関わる扁桃体という領域があり、匂いの刺激は扁桃体に直接伝達します（口絵6）。扁桃体は、脳の進化の過程でも古い領域で、喜怒哀楽の感情を伴った記憶を司っています。匂いの刺激は情動の記憶を司る扁桃体に繋がっているため、ごく微量な匂い物質の刺激でも不快になったり、怖かった記憶を思い出したり、逆に楽しい記憶が蘇ると考えられます。

ヒトの匂い物質の受容体（嗅覚受容体）は約４００種あり、個々の嗅細胞に一種類ずつ発現していますが、嗅細胞の数や発現パターンは個々に異なるため、匂いに対する反応は個人差がとても大きくなるのです。ですから、化学物質過敏症(注)は一部から「精神症状では」と誤解されていますが、微量の化学物質曝露で様々な症状が現れることは、科学的に十分理解できることです。

嗅覚系は、香料だけでなく、有害な環境化学物質の曝露も問題です。農薬など有害な環境化学物質を曝露した際、嗅覚神経経由で脳内嗅覚系が短期間に直接曝露されるので、血液脳関門を介した緩慢な脳内侵入と違い、大きな障害を起こす可能性があります。また嗅神経は、頭蓋骨に開いた穴を通って脳内に繋がっており、有害な化学物質や微粒子が嗅細胞に取り込まれて、拡散や軸索輸送により脳内に直接侵入する可能性も指摘されています。

もともと人間以外の動物では匂い刺激は生存に必須の情報で、嗅覚系の発達が著しく、脳内で占める体積も大きいのですが、人間では嗅覚系よりは視覚系や聴覚系が進化しました。しかし嗅覚系は人間でも大変重要で、脳内の情動や本能などの領域に直接つながっているため、環境省の調査では、微量のホルムアルデヒドの長期曝露で、嗅覚系の神経細胞の異常興奮、ホルモンの中枢・下垂体でのホルモン産生の障害、記憶に重要な脳・海馬での神経伝達の異常が確認されています。実際、匂いに敏感で、人工的な匂いにより被害を受けている方がいること、また症状に表れなくとも匂い物質が私たちの脳に予想より大きな影響を及ぼすことを、私たちは理解する必要があるでしょう。

多用されるポリウレタン(ウレタンフォーム)の原料、イソシアネート類の吸入曝露の危険性が、最近欧米で注目されています。イソシアネート類とは、—N=C=Oという化学構造を持つ合成化合物の総称で、重合してできる多様なポリウレタン製品は家具、衣類、文具だけでなく、接着剤、断熱材、ウレタン防水工事などの建築材の原材料として日常的にいたるところで多用されています。原体である単体のイソシアネート類は経口摂取では分解されやすいのですが、気体として吸入したり、皮膚接触すると毒性が強く、例えばトルエンジイソシアネートの労働安全衛生法の作業環境許容濃度は0・005ppmと規定されています。毒性の知られているホルムアルデヒドやトルエンの許容濃度は、それぞれ0・1ppm、50ppmですから、トルエンジイソシアネートの毒性はホルムアルデヒドの20倍、トルエンの1万倍にもなります。ウレタン発砲断熱材の吹き付けや塗装工事中の吸入曝露により、作業者に死亡例を含む健康被害が報告されています。

イソシアネート類は、重合しポリウレタンとなった固体の状態では安全とされてきましたが、ポリウレタンとなっても、熱が高くなると遊離して空気中に放出される可能性が指摘されています。厚労省の研究報告では、ポリウレタンを使用しているアイロン台やジェルネイルから、28度の条件でイソシアネート類が空気中に放出され、40度ではその量が増えたと報告されました[104]。高温で使用するアイロン台や、肌が触れる低反発枕などのポリウレタン製品から、どれだけのイソシアネート類が出てくるか危惧されていますが、消費者レベルでの法規制はありません。

イソシアネート類は、徐々に香料などが放出され持続性をもつためのマイクロカプセルの原料としても多用されています。柔軟剤などに含まれるマイクロカプセルは、使用した個人だけでなく周囲にも、人工香料とともに、マイクロカプセルの微小な破砕物が徐々に放出されます。マイクロカプセルが壊れる際に、刺激性の高いイソシアネート類が放出される可能性もあります。人工香料など匂いに敏感な人は、気分が悪くなる場合もあるので、徐放剤を無制限に使用するのは問題です。農薬なども効果が長続きするように、徐放剤を用いる場合があり、農薬とイソシアネート類との複合毒性があるかもしれません。効果を持続させる徐放技術は医薬品などでは必要ですが、便利に見える一方、化学物質の種類によっては思いがけぬ被害があることを、私たちは認識する必要があります。

3. 皮膚から入る化学物質

皮膚や粘膜などの表面から取り込む有害な化学物質曝露（経皮）も思いのほか、多様な化学物質があります。化粧品、薬用せっけん、洗顔フォーム、シャンプー、リンス、日焼け止め、入浴剤、ベビーローション、ボディローション、洗剤、柔軟剤などに様々な環境ホルモン物質が含まれています。

環境ホルモン作用のあるパラベン類は合成防腐剤として、化粧品、日焼け止めなどに多用されています。日焼け止めに多用されているベンゾフェノン類は紫外線吸収効果がありますが、環境ホルモン作用があり、男児の尿道下裂や女児の低体重出生との関連が指摘されています。

日本人は清潔好きが多く、各種の除菌・消臭スプレー、除菌シート、手指消毒剤などが多用されていますが、毒性の強い塩化ベンザルコニウムが殺菌・除菌剤として使用されていることがあります。塩化ベンザルコニウムは陽イオンの界面活性剤で、強い殺菌力がありますが、人間への毒性も強く、皮膚障害を起こすだけでなく、生殖毒性や誤飲による死亡例も報告されています。1章コラム2で記載したように、商品によっては抗菌剤とだけ表示され、実際に何が使われているのか確認できない場合もあります。できるだけ成分表示に注意しましょう。また、除菌剤、殺菌剤の多用は、人間の健康に重要な皮膚の常在菌や腸内細菌の均衡を乱すことも分かっていますので、過度の使い過ぎはやめましょう。陽イオン界面活性剤は、衣類に付着すると水分を保持して柔軟効果をあげるため、柔軟剤として塩化ベンザルコニウムが使用される場合もありますので、これも要注意です。

また最近開発の進んでいるナノ粒子を使った化粧品や衛生用品がありますが、ナノ粒子は安全に関わる規制が決まっていません。動物実験では、あまりに小さな粒子は細胞・個体が排出できず、蓄積して障害を起こす可能性が指摘されています。ナノ粒子を妊娠マウスに投与すると、胎盤経由で仔マウスの脳や生殖系に伝達され、脳や生殖系に異常が起こることも報告されています[105、106]。ナノ粒子の毒性に詳しい東京理科大学・武田健、梅澤雅和は、ナノ粒子の慢性影響や次世代影響を警告しています。現段階では、安全性が確認されていない物質として要注意の物質でしょう。銀ナノ粒子は殺菌作用があるため、広く使用されていますが、毒性も指摘されています。

ナノ粒子は元の素材に毒性がなくても、小さい粒子や繊維になることで、新たな毒性が出てくることも知られています。例えば、カーボンナノチューブは素材が炭素で鉛筆の芯・黒鉛と同じ物質ですが、肺がんを起こすことで知られているアスベストによく似た形態を持ち、動物実験で発がん性や細胞毒性が報告されています。２０１６年には特定のカーボンナノチューブに発がん性があるとして、労働安全衛生法の規定に基づく指針の対象物質として追加されました。ナノ物質は地球生態系に悪影響を及ぼす可能性も懸念されており、ＯＥＣＤは２０１６年にナノ物質の生体影響について、迅速な研究が必要と警告しています。

(注) 化学物質過敏症(CS)は、農薬などの有害な化学物質を大量に曝露されたり、微量でも繰り返し曝露された後に発症する疾患で、2009年厚労省で疾患登録されました。発症すると、様々なごく微量の化学物質に反応して、心身に多様な症状が起こります。現代社会は人工化学物質に溢れているので、日常生活が困難となる場合も多くみられますが、確立した治療法がなく、患者は大変苦労しています。厚労省の2012年研究調査[153]では、成人で化学物質に高感受性を示す人は、4・4%(約450万人)、準・高感受性の人は7・7%(約800万人)と報告されており、未成年者も含めると患者数はさらに膨らみます。

発症に至る詳細はまだ分かっておらず、。症状を起こす化学物質が多様でごく微量であることから、心因性とする人がいますが、それが間違いであることは科学的に立証されています[110]。人体が有害な化学物質に閾値を超えて曝露すると、心身を守るために免疫系、脳神経系などのあらゆる防御反応が働くようになり、その後は微量な化学物質によっても防御反応が働き、多様な症状が起こると考えられます。

なかでも香料の曝露で起こる多様な症状については、化学刺激に反応する嗅覚受容体やTRP受容体が、嗅覚神経系以外の組織に存在して多彩な機能を担っていることから説明できます。嗅覚受容体は、血管では血圧を調節し、腸では神経伝達物質セロトニンの放出に関わると報告されており、TRP受容体は脳、内臓、筋肉など多組織に存在して多様な機能を担っています。香料は嗅覚神経のこれらの受容体を介して精神症状を起こし、血中に入った香料は全身に送られて、各臓器の受容体群に結合して、血圧の変動、消化器系の異常、筋肉痛など多様な症状を起こす可能性が考えられます。これらの受容体の発現パターンは個々に異なるので、香料に無反応な人もいれば、多様な症状に苦しむ人がいることは科学的に説明が付くことです。

化学物質過敏症については、人工化学物質が人体にどんな影響を及ぼすか考えもせず、経済性、利便性を優先して生産し続けている現代社会への重大な警鐘と考えねばなりません。

9章　農薬が生命を脅かす

農薬は日本語ではおかしなことに「農の薬」と書きますが、本来、薬ではなく害虫や病原菌、雑草など生き物を殺す毒物・「殺生剤」（バイオサイド）の一種です。そのため、他の人工化学物質より、生態系や人体に悪影響を及ぼす潜在的な危険性があるので、本章で取り上げます。

1．農薬の歴史と種類

人間は長い歴史の中で、安定な食料確保のために農作物の栽培を行い、病害虫や雑草を減らすために多大な苦労をしてきました。１９世紀末から農薬が使われるようになり、まず天然物（除虫菊、ニコチンなど）や簡単な無機化合物（硫酸銅や石灰など）が使用され、さらに第二次大戦後にＤＤＴ、ＢＨＣなど有機塩素系農薬が欧米より入り、本格的な合成農薬の使用が始まりました。前述したように有機塩素系農薬は大量に使用された後で、生態系やヒト、動物への悪影響が判明し、ほぼ使用禁止にされたのですが、難分解・蓄積性のために未だに世界中が汚染され、日本人も全員が曝露している状態が続いています（1章1節参照）。

　生命は、46億年にわたる長い地球の歴史の中で生まれ、進化を続け、人間はその「頂点」に立つ別個の生き物に見えるかもしれませんが、長い歴史を背負い、生命に共通もしくはよく似た生理活性物質を多く利用しているのです。そのため人間に全く無害で、害虫や雑草、病害菌だけを殺し、有益な昆虫や植物、微生物のみを生かすような物質を作ることは不可能といっても過言ではないでしょう。実際、これまで農薬は、大量に使用してからヒトへの毒性が判明して、代替物を作るという歴史を繰り返してきました。その反省の歴史もあって、多種類の毒性試験を行い、ADI（一日摂取許容量）を決めて使用しているのですが、前述してきたように新たに判明した毒性（環境ホルモン影響、発達神経毒性、エピジェネティクスへの影響）や複数の農薬の複合影響については検査していないのが現状なのです。

　農薬は標的により、害虫には殺虫剤、雑草には除草剤、病原菌には殺菌剤などいろいろ種類があります。農水省では、殺虫剤、殺菌剤、殺虫殺菌剤、除草剤、殺鼠剤、植物成長調整剤、誘引剤、展着剤（付着効果

代表的な殺虫剤の種類	現在の使用量
DDT,BHC	ほぼ使用されていない
ペルメトリン，デルタメトリン	使用されている
メソミル、マンネブ	使用されている
フェニトロチオン、アセフェート	一時より減ったが現在も使用量第一位
イミダクロプリド、アセタミプリド	使用量が急増
フィプロニル、エチプロール	使用量が急増

を上げる）、天敵、微生物剤に分けています[107]。ここでは使用量の多い3種類の農薬として、発達神経毒性が問題となる殺虫剤と、環境影響の大きい除草剤（及び遺伝子組換作物の問題）、環境ホルモン作用や発がん性などが多数報告されている殺菌剤について触れたいと思います。なお、農薬全般の毒性については詳しい専門書[108]、殺虫剤の発達神経毒性についての詳しい説明や文献は、拙著や拙稿など[3、51、61]をご覧ください。

また、もともと害虫、病原菌や雑草という呼び方は、私たち人間が分類したもので、一見不要な生き物に見えるかもしれませんが、生態系の中において重要な働きをしている可能性もあることを念頭に入れましょう。

2. 脳神経系を標的とした殺虫剤

表9-1に、これまで使用されてきた主な殺虫剤の種類を示しました。殺虫剤は昆虫の脳神経系を

表9-1　殺虫剤の種類

殺虫剤の種類	浸透性	神経の標的
有機塩素系	-	ナトリウムチャネル (DDT) GABA受容体 (BHC)
ピレスロイド系	-	ナトリウムチャネル
カルバメート系	±	アセチルコリン分解酵素
有機リン系	±	アセチルコリン分解酵素
ネオニコチノイド系	+	ニコチン性アセチルコリン受容体
フェニルピラゾール系	+	GABA受容体

標的にしたものがほとんどで、有機塩素系ＤＤＴやピレスロイド系は、神経細胞の電気信号を担っている重要なナトリウムチャネルが標的になっています（図９‐１）。ピレスロイドは、古くから蚊除けに使われた除虫菊の殺虫成分に似た合成殺虫剤で、除虫菊成分より分解しにくく、最近の論文では脳発達への神経毒性や生殖毒性が報告されています。有機リン系、カルバメート系は興奮性神経伝達物質の一種、アセチルコリンの分解酵素が標的で、ネオニコチノイド系はアセチルコリンの受容体の一種ニコチン性受容体が標的です。それ以外にも有機塩素系ＢＨＣやフィプロニル、エチプロールは抑制性神経伝達物質の一種、ＧＡＢＡの受容体が標的です。もともと、蛇毒やキノコの毒などの天然毒も神経毒が多いのは、神経を標的にすると対象を倒す効率が良いからでしょう。

意外かもしれませんが、神経伝達物質など神経系に関わる分子群は、下等動物から昆虫、人間を含む高等動物まで、同じか似た分子群を用いているのです。特に基本となる神経伝達物質、グルタミン酸、アセチルコリン、ＧＡＢＡ、グリシン、セロトニン、アドレナリン、ドーパミンなどは昆虫でも人間でも全く同じ物質を使っていますし、その受容体も似た構造を持ち、それぞれの神経伝達物質が受容体に結合する部分は似ている場合が多いのです。ですから神経系を標的にした殺虫剤は、昆虫には特に毒性を持つように合成されていますが、人間にも何らかの影響を及ぼしてしまうのはごく当たり前と考えられます。現在、主流の殺虫剤は有機リン系、ネオニコチノイド系ですが、どちらもアセチルコリン系を標的としています。アセチルコリンは単細胞生物、細菌類、植物、無脊椎動物、脊椎動物、哺乳類、人間までほとんどの生命に共通の重要な生理活性物質ですから、害虫だけに特異的に効き目

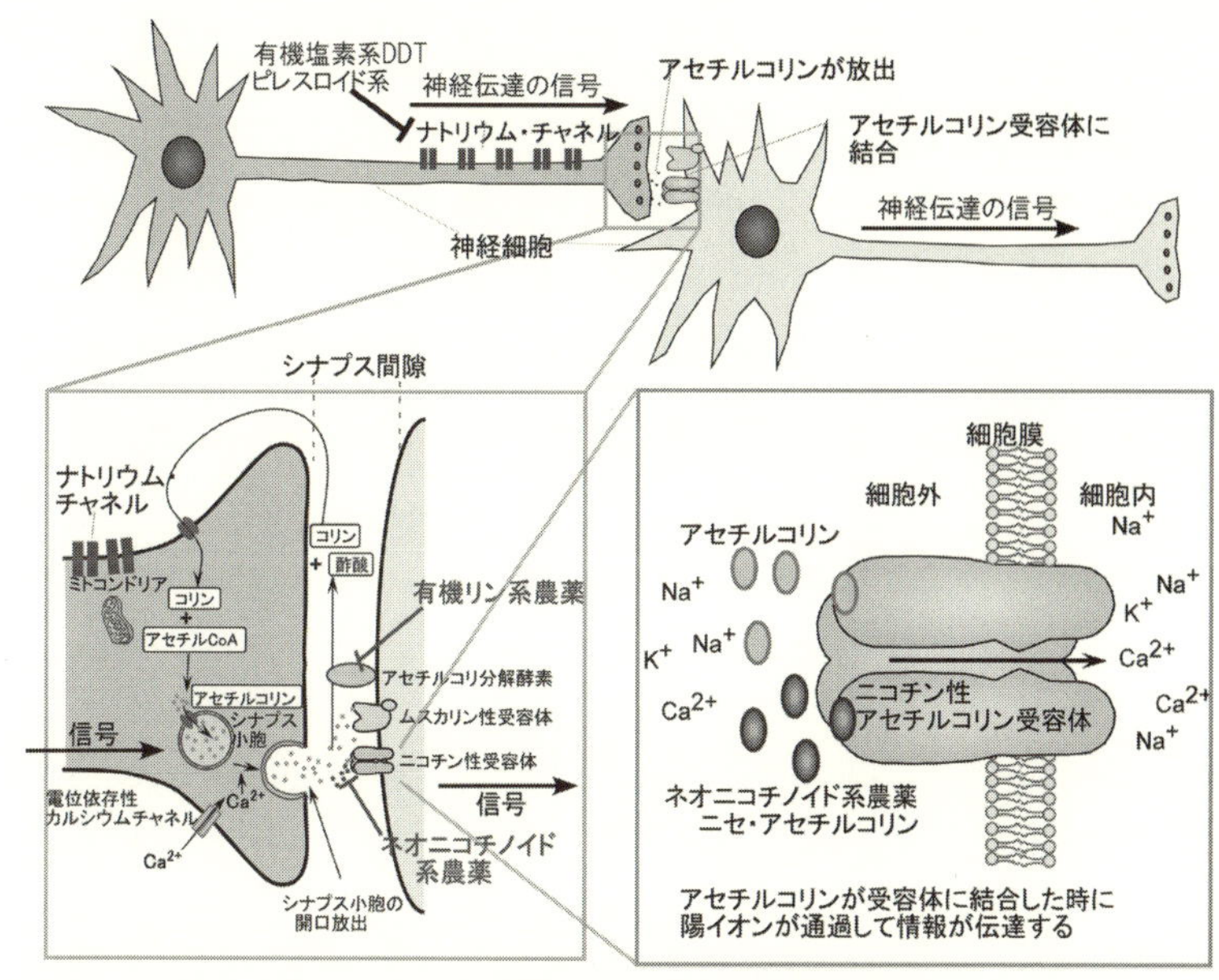

図 9-1　アセチルコリンによる神経伝達とそれを阻害する農薬

神経終末に信号がくると、シナプス小胞から神経伝達物質（アセチルコリン）がシナプス間隙に放出される。次の神経細胞のニコチン性アセチルコリン受容体にアセチルコリンが結合すると受容体のゲートが開いて陽イオンが通過して信号を伝達する。ネオニコチノイド系は受容体にニセ・アセチルコリンとして働き、有機リン系はアセチルコリン分解酵素を阻害する。アセチルコリンは分解されないといつまでも興奮刺激を起こして、毒性を発揮する。有機塩素系 DDT やピレスロイド系は、電気信号を担うナトリウムチャネルの働きを阻害する。

を及ぼすことは不可能で、生態系への影響や人間を含む幅広い生物層に影響を及ぼしていることが想定されます。

また最近の殺虫剤の特徴として、ネオニコチノイド系、フィプロニル、一部の有機リン系のように水に溶けやすい浸透性のものが増えてきています。有機塩素系、有機リン系の多くは脂に溶けやすく水に溶けない脂溶性の物が多く、散布しても農作物の表面に付着するので、毒性が強くても洗い流すことができ、表面を捨てれば除くことが可能でした。しかし浸透性殺虫剤では、噴霧された殺虫剤は葉や茎から、土壌に撒かれた殺虫剤は根から吸収され、葉、茎、花、蜜、果実と農作物全体に浸透するので、残留した殺虫剤は洗い落とせないのです。

3. アセチルコリン系を脅かす殺虫剤

次に主な殺虫剤が神経系のどこに作用するのか、図9-1に示します。神経細胞が次の神経細胞に情報を伝達するための長い軸索には、ナトリウムチャネルという電気信号を担う細胞膜タンパク質がたくさん存在していて、有機塩素系DDTやピレスロイド系殺虫剤は、この機能を阻害します。有機リン系、カルバメート系は、アセチルコリンの分解酵素を阻害します。ネオニコチノイド系はアセチルコリンの受容体の一種、ニコチン性受容体を標的としています。アセチルコリンの受容体にはニコチン性とムスカリン性の2種があり、どちらも脳神経系で重要な役割を持っているだけでなく、ほぼ全身に存在して機能しています。ムスカリン性受容体も重要ですが、ここでは殺虫剤の標的であるニコチン性受容体に話を絞ります。ニコチンやネオニコチノイドは、アセチルコリンがニコチン性受容体に結合する部分に共通の化学構造をもっているため、ニセ・アセチルコリンとしてニコチン性受容体に結合します。

神経伝達物質アセチルコリンとニコチン性受容体は、昆虫の中枢神経で主要な神経伝達系ですが、人間や哺乳類でも大変重要です。ニコチン性受容体は、自律神経系や末梢神経で主要な働きをしているだけでなく、脳・中枢神経でも重要であることが分かってきました。記憶や学習においても重要な役割を果たしており、アルツハイマー病や統合失調症、自閉症などでもアセチルコリンやニコチン性受容体が関与していることが明らかとなっています。さらに重要なことは、脳の発達期に、ニコチン性受容体が成人よりも多量に発現し、アセチルコリンと共にシナプス形成や神経回路形成を担っていることです。最近の研究では，ニコチン性受容体は，胎児期だけでなく青年期にいたるまで，脳のアセチルコリン系だけでなく，ドーパミン，セロトニンなど重要な神経回路や，海馬，小脳，大脳皮質などの正常な発達に多様に関与していることまで報告されています。また神経系以外の組織においても、アセチルコリンやニコチン性受容体が発現しており、免疫系の細胞や、気管上皮系、腸管上皮系、皮膚角質細胞、胎盤や精子にも発現して、多様な機能や情報伝達系を担っているので、有機リン系、ネオニコチノイド系は多様な悪影響を及ぼす可能性が高いのです。

4．脳の発達異常と殺虫剤

現在使用量が一番多い殺虫剤は有機リン系で、多くの種類があります。初期に使用された有機リン系パラチオンやパラチオンメチルは、ヒトへの急性毒性が高く、中毒事故などが相次いだことから、1971年頃に登録が取り消されました。フェニトロチオンやマラチオンなどの有機リン系殺虫剤は、現在でも使用され続けてきています。前述したように、アセチルコリン系は脳の発達にとても重要なので、胎児、小児への有機リン系殺虫剤の曝露には十分注意が必要です。脳の発達期に、有機リン系農薬を日常生活レベルの低用量でも曝露すると、脳の発達に異常が起き、ＩＱや学習記憶の低下、ＡＤＨＤになりやすいという疫学論文や動物実験が多数でています[3]。

成人でも有機リン系の毒性は強く、少し前までは農業だけでなく、公園、公共施設、街路樹、シロアリ駆除、家庭内でも多用されていたため、中毒例が多く報告されています。有機リン系殺虫剤による急性毒性はアセチルコリン分解酵素を介して起こると考えられていますが、それ以外に曝露から1, 2週間たってから四肢の脱力や運動失調、麻痺を症状とする遅発性神経毒性が人間でも確認されています。この遅発性神経毒性は、アセチルコリン分解酵素ではなく、神経毒エステラーゼという別の酵素を介して起きていることが、分かっています[109]。アセチルコリン分解酵素などアセチルコリンに関連する生理活性物質は、幅広い生物種に共通で生体内でも多用な働きをしていることから、それを標的にした有機リン系殺虫剤の作用も、複雑な影響を及ぼすのでしょう。有機リン中毒の専門家である北里大学・石川哲、宮田幹夫によれば、有機リン曝露はシックハウス症候群や化学物質過敏症の発症にも関与していることが指摘されています[110]。

使用量が急増しているネオニコチノイド系は歴史が浅いために、ヒトへの影響について論文は少ないですが、成人では中毒死の報告も出ています。日本国内では、ネオニコチノイドの散布や残留農薬摂取などによる曝露により、心機能の異常や記憶障害などの亜急性中毒症状を訴えた患者が多数出て、患者の尿中からはネオニコチノイドの代謝物が検出されたという報告が出ています[111]。この研究を行った群馬県の青山医院・青山美子は、もともと有機リン系農薬による神経毒性の危険性を訴えてきなってから、有機リン系とは違う神経中毒症状を起こす患者が増えたことに気づき、東京女子医科大学・平久美子とともに、ネオニコチノイドのヒトへの毒性について、研究を進めています。

上述したように、発達期の脳ではニコチン性受容体が重要な役割を果たしているので、ネオニコチノイドの発達神経毒性が懸念されています。動物実験では、ヒトのニコチン性受容体を強制的に細胞で発現させて、ネオニコチノイドの影響を調べたところ、興奮性作用があるだけでなく、本来の神経伝達物質であるアセチルコリンの作用を低濃度でも攪乱したという報告があります[112]。筆者自身もネオニコチノイドが哺乳類やヒトへも影響する可能性があると考え、ラットの発達期の培養神経細胞を用いて反応性を調べたところ、ネオニコチノイドがニコチン様の興奮作用を起こし、その作用はニコチン性受容体に特異的な阻害剤で抑制されたことから、ネオニコチノイドが哺乳類ニコチン性受容体に直接作用することを明らかにし、2012年に論文発表しました[3、51]。2013年、欧州食品安全機関EFSAは、筆者らの論文や他のネオニコチノイドの哺乳類への影響に関わる論文を精査して検討し、ネオニコチノイドにはヒトへの発達神経毒性の可能性があるので、一日摂取許容量などの基準値を下げるよう勧告を出しました[3]。このニュースは「ニューヨークタイムズ」、「ルモンド」、「ガーディアン」、「日本経済新聞」など欧米を中心に報道されました。

動物実験では、ネオニコチノイドを母胎経由で曝露すると、生まれた仔マウスが行動異常を起こしたという報告が複数出ています。2016年には、極めて低用量のネオニコチノイドを胎仔期から乳仔期まで母胎を通して曝露すると、雄の仔マウスで不安行動、攻撃行動や性行動など特定の行動に異常が起こるという論文が、国立環境研究所から発表されました[113、114]。この実験をすぐにヒトにあてはめることはできませんが、自閉症などの発達障害は男子に多く、特定の行動のみ異常がみられることはよく似ており、ネオニコチノイド曝露は発達障害の一因となっている可能性が考えられます。またこの実験では、母体経由で曝露された仔マウスの脳内に、ネオニコチノイドが検出されています。

脳には血液脳関門があり、有害物質が入りにくくなっていますが、ネオニコチノイド系は腹腔投与後、速やかに脳に侵入することも、マウスの実験で確かめられています[115]。またネオニコチノイドは体内に入ってから肝臓などで代謝されていきますが、代謝物には元のネオニコチノイドよりも毒性が高くなるものがあることも報告されています[116]。

子どもへの曝露で実際に心配なのは、低用量長期曝露による影響です。そこで筆者はネオニコチノイドを発達期のラット神経細胞培養に、シナプス形成が盛んに起こる2週間低用量で曝露させて、細胞の遺伝子発現を調べたところ、ネオニコチノイド投与では、脳発達に重要な遺伝子の発現に変動が起きていることを見出して2016年に発表しました[117]。発現が変動した遺伝子には、自閉症関連遺伝子や癲癇に関連する遺伝子などが含まれており、ネオニコチノイドの低用量長期曝露で脳発達に悪影響を及ぼす可能性が示されました。若い雄マウスにネオニコチノイドを無毒性量（有害な影響が出ないと規定された量）でも投与すると、行動異常を起こす報告も出てきています[118]。

このような論文報告から考えると、ネオニコチノイドは昆虫特異性が高く、ヒトには安全と宣伝されてきましたが、ヒトに有害な作用を起こすことが明らかになってきたと言わざるを得ません。厳密な科学的証明にはまだ時間がかかりますが、ネオニコチノイドが発達障害を起こす一因を担っている可能性が高くなってきていると考えられます。

神経伝達物質ＧＡＢＡ系を阻害する浸透性農薬フィプロニルも、動物実験で神経毒性が多数報告されています。同じくＧＡＢＡ系を阻害するエチプロールは、商品名キラップとして日本、東南アジア中心に多量に使われていますが、マウスで発達神経毒性が報告されています[119]。

有機リン系農薬は、子どもの脳発達への悪影響や遅発性神経毒性などが分かってきたので、世界的には使用量は激減しています。ＥＵではほとんどの有機リン系農薬の登録が取り消され、米国でも殺虫剤の中で約５０％までに減りました。日本国内での有機リン系は１９７０‐１９８０年ごろがピークで、その後減少傾向ですが、いまだに有機リン系の生産及び使用量が一番多いのが現状です。２０１５年の国立環境研究所のデータによれば、農薬として使用している殺虫剤中の約６９％が有機リン系で、次いでネオニコチノイド系が１５％、３番目がカルバメート系で１０％、４番目がピレスロイド系６％となっています。農薬以外にもシロアリ駆除剤としてネオニコチノイド系が多用され、家庭用殺虫剤や蚊取り線香、園芸用殺虫剤としてピレスロイドやネオニコチノイドが多用されているので、私たちは残留農薬以外にも日常的に殺虫剤に曝露しているのです。

日本には虫嫌いの人が多く、害虫でなくても虫に大騒ぎして殺虫剤を使用していることがあるようですが、人間に全く作用しない安全な殺虫剤などありませんから、極力使用しないようにしましょう。

昆虫類はよくよく見ると結構かわいい生き物です。共存できれば一番いいですが、ゴキブリなどどうしても嫌な場合は、ゴキブリホイホイなど殺虫剤を使用していないものを使いましょう。胎児や小児、妊婦はもちろんのこと、成人でも殺虫剤など農薬の曝露は、アルツハイマー病、筋萎縮性側索硬化症、パーキンソン病などの神経疾患のリスクを上げるという報告が多数あります。

5．浸透性農薬が生態系を破壊する

大量に使用された浸透性農薬は、水溶性のために河川を汚染し、水系の昆虫や動物たちに重大な影響を及ぼしていることが世界中で大問題となりました。国際自然保護連合では、ネオニコチノイドやフィプロニルなど浸透性農薬の生態影響を懸念し、「浸透性農薬タスクフォース」が結成されました。そこには日本を含む世界の研究者が集まり、過去5年に発表された1，121件の査読論文を精査して、浸透性農薬の乱用はハチの大量死だけでなく、多くの昆虫や鳥、両生類などの生物に悪影響を及ぼし、地球生態系の自然を破壊すると、2015年に学術専門誌に発表し社会に警告しました[53]。

ＥＵでは、2013年から3種のネオニコチノイドを暫定的にほぼ使用禁止にしていましたが、2018年4月には、ハチへの毒性が確認されたとして、永続的な屋外使用禁止を決めました。3種以外のネオニコチノイドは、使用量が少ないか未登録なのであって、フランスでは全種のネオニコチノイドを使用禁止にしています。カナダ、米国でもネオニコチノイドの使用規制が始まりつつありますが、日本国内ではいまだに規制されず使われ続けています。

日本では赤とんぼが激減していますが、国立環境研究所のグループは、トンボ類への浸透性農薬の影響を、試験水田で調べ、フィプロニルやネオニコチノイド曝露によって個体数が減少するデータを発表しています[120]。新潟県佐渡のトキや兵庫県豊岡のコウノトリは長年生殖に失敗していましたが、ネオニコチノイドを地域で使わなくなってから、繁殖に成功し、栽培された地域米は、「トキ米」「コウノトリ米」としてブランド化されて地域の活性化に結び付きました。

また殺虫剤を大量に使用すると、いったんは減少した害虫の中から、耐性をもつ個体が生まれ、殺虫剤耐性の害虫が大量発生してしまう現象が古くから知られています。歴史の古い有機塩素系殺虫剤は現在ではほぼ使用・生産禁止ですが、アフリカでは一部制限付きでＤＤＴをマラリア媒介蚊防除に使用しています。マラリア媒介蚊にはＤＤＴが有効という触れ込みですが、実際にはＤＤＴ耐性蚊がすでに発生してきて殺虫効果に疑問がもたれており、子どもへの毒性や生態影響が懸念されています。

最近のネオニコチノイド系でも、すでに殺虫剤耐性昆虫の大発生の報告があります。東南アジアでは、ネオニコチノイドの大量使用により、いったんはウンカが激減したのですが、その後以前よりも大量のネオニコチノイド耐性ウンカが大発生して、以前より農産物の収穫が減っている事態に陥ったという報告があります[121]。東南アジアで発生した耐性ウンカは、日本にも飛来して被害を及ぼしたことが分かっています。国内でも同様に、ネオニコチノイド散布によりカメムシの天敵昆虫が減少した上に、ネオニコチノイド耐性カメムシが大発生し、２０１２年に米の深刻な収穫減が、栃木県ＮＰＯ民間稲作研究所で報告されています。

それ以外の殺虫剤でも薬剤耐性害虫の大発生は、たびたび起こり、新たな殺虫剤といたちごっこを繰り返してきました。もともと昆虫の寿命は短く、その分多数の子孫を生み世代交代を短期間に繰り返して、環境が悪い場合にも適応できる突然変異体が生まれやすい方法で、種を維持してきました。

ＤＮＡには、世代交代の時に、一定の割合で突然変異を起こす性質があるので、何度も世代交代が起これば、新たな環境に対応する次世代が生まれる可能性が高くなります。従って、殺虫剤のような毒物に曝されたときに、昆虫は個体レベルで大打撃を受けますが、薬剤耐性をもつ変異個体が生まれる確率が高く、それが大発生を起こすことは容易に予想されることです。

一方、人間を含む哺乳類は、子孫の数も少なく世代交代に時間がかかりますが、個体の寿命を長くすることで、様々な環境を乗り越え、種を維持してきました。ですから人間では、殺虫剤の毒性に適応できる突然変異体が生まれる可能性など、昆虫類に比べればないに等しく、人間は自分たちが作り出した毒性物質によって自らを苦しめていることが現実に起きているのでしょう。

■コラム８：斑点米を知っていますか

カメムシが稲穂につき吸汁すると、その跡が茶褐色の斑点米となるので、米の基準が極めて厳しい日本では農家は斑点米対策が大変です。お米を出荷する際の検査で、斑点米の混入が１０００粒中1粒までなら一等米、2粒なら二等米、3粒を超えると三等米、7粒を超えると等外米に格付けされるそうです。一等米と二等米ではお米一俵（６０キロ）につき、１０００円価格が下がってしまうため、農家はカメムシ防除のために殺虫剤を撒くことになってしまうのです。斑点米ではなく、小石などの異物が混入した場合には、一等米で1000粒中2粒まで許されるというのですから、斑点米の厳しい検定は、素人が考えてもおかしい設定です。さらにカメムシ対策に多用されているネオニコチノイドは、カメムシなど害虫だけでなくミツバチなどの益虫にも被害が及ぶことが国内でも確かめられています。2005～2006年、岩手県や山形県で、ネオニコチノイドを撒いた水田に飛来したミツバチが大量死したと報じられています。

私たち消費者は、白いお米を当然のように購入していますが、農薬が必要以上に使用された白いお米と、農薬が使用されていない安全なお米、どちらがいいでしょうか。もちろん農薬残留基準を超えたお米は販売されませんが、前述したように、農薬の毒性試験には発達神経毒性や環境ホルモン作用などの新しい毒性試験は入っていませんので、安全性が危惧されます。最近、斑点米を除く色彩選別機が普及していますから、大事なお米に過剰のネオニコチノイド使用は、中止にしてほしいですね。

6．除草剤と遺伝子組換え作物

除草剤は雑草を枯らすための農薬ですが、不要な雑草だけを枯らす薬剤は原理的に不可能で、人間にとっては雑草でも生態系の維持に役立っていることもあります。ですから標的が雑草とはいえ、除草剤をむやみに乱用すると生態系の維持が破綻する可能性があります。また植物と動物は違う進化の道をたどってきましたが、元は同じ生命で、使っている生理化学物質も同じもの、類似のものがたくさんありますから、除草剤の毒性は、植物だけでなく、哺乳類や人間にも影響が及ぶ場合があります。

ミトコンドリア機能障害による毒性が強い除草剤パラコートは，ヒトでパーキンソン病様の症状を起こした合成化学物質ＭＰＴＰとよく似た化学構造をもち，動物実験でもパーキンソン病と同じ症状をおこすことが報告されています。ＭＰＴＰは、合成麻薬に混入していた神経毒で、麻薬中毒者がＭＰＴＰの混じった麻薬を使用した後、パーキンソン症状を起こした事件がありました。疫学研究からも、パーキンソン病はパラコート、殺虫剤ロテノンなどの農薬曝露との関係が強く疑われています。フランス政府はその因果関係を公認して、２０１２年にパーキンソン病を農業従事者の職業病と認定しています。ロテノンは神経毒性が高く、２００６年に農薬登録を失効しました。

除草剤はパラコート以外にも種類が多く、多量に使用されています。現在よく使われているのは、ベトナム戦争の枯葉作戦で使用された２・４−Ｄ、環境ホルモン作用が確認されているシマジン、遺伝子組換作物と組み合わせて開発されたグリホサート、グルホシネートなどです。ベトナム戦争時、２・４−Ｄを用いた枯葉剤には製造過程でダイオキシンの混入があり、そのために枯葉剤を浴びた兵士の子どもたちに多くの奇形児が生まれた悲劇がありました。シマジンは環境ホルモン作用があるとして、ＥＵでは２００９年に登録が失効していますが、日本では使用され続けています。

グリホサートは日本では家庭園芸用にも売られ、多用されている除草剤です。草だけに効くという謳い文句で多量に使用されていますが、２０１５年に国際がん研究機関が、発がん性の可能性ありとしてレベル２Ａにランク付けを発表しました。しかし、ＷＨＯと国連食糧農業機関（ＦＡＯ）が合同で、規制内でのグリホサート使用では発がん性はないと発表したので混乱に陥り、現在も議論が続けられています。グリホサートが一定条件下で、発がん性を示すことはＷＨＯも認めている事実で、発がん性以外にも発達神経毒性や生殖毒性も複数報告されており、多量使用による慢性影響が懸念されています。また化学構造を見ると、私たちの脳でも重要な抑制性神経伝達物質、グリシンによく似た構造をしており、ニセ・グリシンとして悪影響を及ぼす可能性も考えられます（図9‐2）。

グルホシネートは、人間の脳で主要な興奮性神経伝達物質、グルタミン酸とよく似た化学構造を持っています（図9‐2）。帝京大学・藤井儔子らは，グルホシネートを投与したラットが激しく咬み合うなど攻撃性を増すだけでなく，母胎経由で曝露した仔ラットは，普通はおとなしい雌の仔ラットまでお互いにひどく咬み合うなど易興奮・攻撃性を生じることを1999年に報告しました。最近の論文ではグルホシネートが齧歯類のグルタミン酸受容体の一種に作用することが明らかとなり、発達神経毒性も報告されています。このように、除草剤は植物の代謝だけを阻害すると宣伝されてきましたが、人間や動物への影響がすでに報告されているものも多くあります。2020年第3版文献追加[154][155]

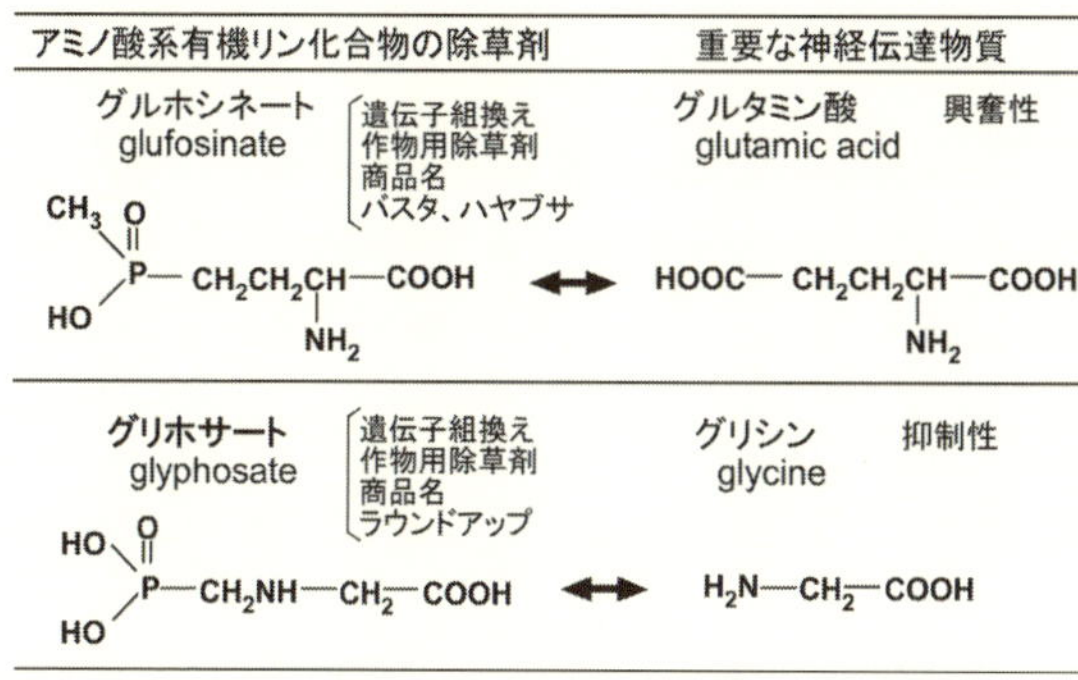

図 9-2　神経伝達物質類似の農薬（除草剤）　除草剤だが、発達神経毒性や発がん性などの報告がある。[154, 155]

日本ではグリホサートやグルホシネートは通常の除草剤として使用されているのですが、国際的にはこの2種の除草剤は除草剤耐性の遺伝子組換え作物（GMO：Genetically modified organisms）とセットで開発され、世界中で使用されています。

特に使用量の多いグリホサートとグリホサート耐性組換え作物の開発をしたのは巨大企業モンサントで、過去には毒性と難分解性で生産中止となったＰＣＢの生産・販売を行い、ベトナム戦争ではダイオキシンの混入した２・４－Ｄの製造メーカーでもあった会社です。現在モンサントは、世界の遺伝子組換え作物の９０％ものシェアを持っている巨大企業です。ここで遺伝子組換えについて考えてみましょう。

日常的にはスーパーなどで、納豆や豆腐のパックに「遺伝子組み換えでない」の表示を目にすることがあります。遺伝子組換え作物としては、大豆、トウモロコシ、なたね、ワタなどが開発されてきました。これまでも人間は稲や果物など、人工交配による品種改良を行い、より美味しい品種や環境に強い作物を作ってきました。人工交配でも、植物の遺伝子組換えは起こるのですが、この場合は種を超えた遺伝子組換えは起こりません。遺伝子組換え作物では、種を超えた遺伝子の組換えを行うことによって人間に「利益」をもたらすと考えられる作物を作ってきたのです。

例えばグリホサートは、植物の代謝に重要な酵素を阻害するので、通常すべての植物を枯死させてしまいます。グリホサート耐性の遺伝子組換え作物のＤＮＡには、グリホサートが効かない酵素を持つ細菌の酵素遺伝子が組込まれ、グリホサートが撒かれても枯れないという仕組みです。別の例では、害虫を殺す細菌の毒素の遺伝子を作物のＤＮＡに組込み、害虫耐性の遺伝子組換え作物も作られました。これらの遺伝子組換え作物は、農薬を撒く回数も少なく、大規模農法が可能で、地球規模の食糧不足の解消になり、農家も儲かると大宣伝されて、米国を中心に、南米、アジア、欧米でもたくさん作られてきました。しかし、予想外の結果がいくつも出てきてしまったのです。

第一に、組換え作物とセットで使用される除草剤グリホサートやグルホシネートが、様々な人体影響を起こす可能性が高いことは、前述しました。

第二に、除草剤グリホサート耐性のスーパー雑草が出現し、害虫毒素耐性のスーパー害虫がすでに生まれてきています。殺虫剤の過剰使用で耐性昆虫が生まれるように、自然界では、一種の動植物に圧力がかかっていったんは死滅したかに見えても、突然変異で耐性を持つ動植物が生まれてくるのは自然の摂理で当然のことです。それで、現在では遺伝子組換え作物を育成するには、スーパー雑草のためにグリホサートだけでなく他の除草剤も一緒に撒かねばならない、スーパー害虫には別の殺虫剤が必要というのですから、意味がありません。

第三に、遺伝子組換え作物のように一種の作物だけを農薬に頼り大規模に産生する工業型の農業は、いったんは収量が上がったとしても、地球の持続可能な生態系に合わず、近年の気候変動にも対応できずに、かえって収穫が減った事例があります。農業は本来、多様な生態系に依存した持続可能な環境中で、農薬に頼らず複合的に作物を栽培するほうが最終的な収量も増加することは、最近世界的にも理解が進み、国際連合食糧農業機関ＦＡＯは各国の有機農業の推進を促しています。またＯＥＣＤも農薬の多量使用は環境破壊や健康影響につながり、持続可能な農業推進には不向きであるとして、農薬の使用量を極力減らすように勧告しています。

第四に、遺伝子組換え作物は、モンサントやバイエルのような多国籍の巨大企業が独占販売をして、種子を農家が再生産することを禁じて、植えるたびに購入するようなシステムを取っているので、巨大企業が儲かるだけで、農家は搾取される構造になっているのです。現在の日本では遺伝子組換え作物はほとんど作られていないので、社会問題化していませんが、2016-7年には世界のあちこちで、巨大企業モンサントに抗議し、遺伝子組換え作物の使用に反対した農民や一般市民の抗議活動が大規模に行われました。

第五に、遺伝子組換えの生態系への影響があげられます。遺伝子組換え作物は管理下に置かれ、通常の農業と共存できるとしていますが、実際には野生の植物と自然交配して、自然界に汚染を起こしたケースが400件もあるそうです。いったん自然界に流出した遺伝子組換え作物は回収不可能です。

第六に、組換え遺伝子を持った遺伝子組換え作物自体の安全性の問題があります。企業側は組み込んだ遺伝子は、人間には安全と主張しており、安全試験も行っていると言っていますが、食べ物だけに長期に摂取した場合の影響が懸念されます。遺伝子組換え作物を動物に長期投与した結果、発がんを促す可能性を指摘した論文が2012年に出されて注目されましたが、論文内容を精査した結果、使用した動物数が少ないこと、もともとラットは自然にがんが発症しやすい系統を使ったこと、などから発がんの可能性とはいえないとして、論文はいったん撤回されました。さらに2年後この論文は他の学術誌に掲載され、また論議の的となっています。遺伝子組換え作物自体に、発がん性のような毒性があるのか否か、まだはっきり限定することはできませんが、組み込んだ遺伝子が予期せぬ影響を起こす可能性は否定できません。

もともと遺伝子は、体内で一つの役割を単独で果たすわけではなく、それぞれの組織で他の遺伝子群と関わりながら、多様な働きを担っていることが分かっていますので、外来の遺伝子も人間が期待する役割だけを担うとは断定できません。人間の技術開発は進んだとはいったものの、いったん組み込んだ遺伝子の働きをすべてコントロールできるほどのものではないのが現状です。外来性の遺伝子が、予想外の働きをする可能性があるのです。以上6点の理由から、遺伝子組換え作物の安易な推進は現段階では問題が多いと考えられます。

遺伝子組換えの技術は、除草剤耐性や害虫への毒素を組み込んだもの以外にも、栄養素を高産生させるような遺伝子操作や、悪環境に耐性を持つ遺伝子操作、養殖魚などの発育をよくするような遺伝子操作など、多角的に研究が進んで、実用化されているものもすでにあります。従来行われてきた人工交配などによる品種改良に準ずるような、遺伝子組換えの可能性も考えられますし、これら全てを否定するつもりはありません。ただし、遺伝子組換えを用いた食品の開発は、長期的な健康影響、生態系への影響などを十分考慮し、後から取り返しがつかないような事態にならないよう、対応することが必要と考えます。

7. 環境ホルモン作用をもつ殺菌剤

殺菌剤は農産物に感染する病原菌を殺す農薬で、代謝系や細胞分裂、タンパク合成、核酸合成を阻害するなど、多様なメカニズムを介した作用があります。これらの過程には生物に共通もしくはよく似た生理化学物質が関わっているため、殺菌剤は病原菌を殺すだけではなく、人間や他の生き物への毒性や環境ホルモン作用などが後から判明して、登録が失効になったものが多数あります。

トリブチルスズは、1977年に農薬登録が失効し、1979年に家庭用品への使用が禁止、1987年に養漁網への使用が自主規制された殺菌剤ですが、強い環境ホルモン作用や免疫毒性が報告されています。1990年代、日本の近海ではトリブチルスズの汚染が広まり、巻貝イボニシのメスのほとんどに生殖器異常が起こり、ペニスが形成されていた原因として報告されました。動物実験では、哺乳類への環境ホルモン作用も多数報告されています。

有機塩素系ビンクロゾリンも1997年に登録が失効された殺菌剤で、男性ホルモン攪乱作用やエピジェネティックな変異を起こすことが報告されています。ビンクロゾリンを妊娠ラットに投与すると、生まれてきた仔ラットでは、精子形成不全やがん、肝機能障害、不安行動などの異常が起こりました。これらの影響は、次世代だけでなく4世代先のラットにまで起こり、その原因はDNAのメチル化の変化によるエピジェネティックな異常だと報告され、世代を超えた影響を起こすことで注目されました。

殺菌剤プロシミドンは、2012年EUでは環境ホルモン作用があるとして登録が失効していますが、日本ではいまだに殺菌剤として使用され続けています。上記以外の殺菌剤も、免疫毒性や腸内細菌叢に異常を起こす報告が多数出ています。

2012年、WHOが発表した「内分泌攪乱化学物質の科学の現状」[6]に記載された環境ホルモンの候補物質の中には農薬類も多数含まれていて、すでに農薬として失効となった殺菌剤、除草剤、殺虫剤が多数あります。現在ＥＵでは、環境ホルモン作用懸念物質を候補にあげて使用禁止にするか否かを検討して審議しています[122]。その中には、殺菌剤、除草剤、殺虫剤などの農薬が多く挙げられており、日本では使用中のものが多く含まれています。表９‐２には、環境ホルモン作用のためにＥＵで失効もしくは懸念物質となっている多種類の農薬類から一部を抜粋して載せました。有機塩素系農薬ＤＤＴも環境ホルモン作用が確認されています。また輸入果菜に使用されるポストハーベスト農薬は、国内で農薬登録されなくとも、食品添加物として使われます。その中には発がん性や環境ホルモン作用が懸念されているものもあり、高い濃度で使用されていることもあるので、表示に注意しましょう。

また農薬として使用されている抗菌剤（抗生剤）も、分類では殺菌剤に属しています。７章６節で記載したように、抗菌剤の総使用量中、農薬として使われているものは９％にも及び、意外に多く使用されています。家畜や魚の養殖にも多用され、例えばオキシテトラサイクリンなどは、農作物や養殖魚で残留基準が決まっている抗菌剤ですが、ヒトの医療用にも用いられています。抗菌剤の乱用は、抗生物質の効かない耐性菌を生む可能性があり、人間自身に作用しなくとも、健康に重要な腸内細菌に影響を及ぼす可能性もあります。使用には十分注意したいものです。

以上、多様な農薬について書いてきましたが、殺虫剤だけでも種類が多いのに、除草剤、殺菌剤などそれぞれすべてを合わせると、原体では約５００種以上が登録されており、商品の種類は数千あるというのですから、その種類の多さに驚きます。もちろん農薬は毒性試験を何種類もやり、残留しても基準値以下に守られています。しかし、何度も書いたように、現在登録に必要な毒性試験には、科学の進歩によって分かってきた新しい毒性（環境ホルモン作用、高次脳機能発達への影響、エピジェネティクスへの影響、複合毒性など）については検査されておらず、発達期の子どもへの影響が懸念されているのです

農薬の歴史を振り返ると、多量に使用してはその毒性が明らかとなり、また新しい農薬を開発しての繰り返しを続けてきました。前述したように、農薬は「薬」ではなく、殺生剤（バイオサイド）で、何らかの生き物を殺傷することを目的としています。ですから、他の合成化学物質よりも人間自身や目的以外の生き物にも悪影響を及ぼす可能性が高いのです。生き物は単細胞生物から私たち人間まで生命の長い歴史の繋がりがあり、私たち人間はそのごく一部を知っているだけで、すべてを把握などしていないのですから、気づかぬうちに自分たち人間や地球生態系に取り返しのつかない悪影響を及ぼすことが、農薬の歴史から見えてきます。近年、子どもたちに発達障害やアレルギー

EU	日本
失効 1993	使用中
失効 2000	使用中
失効 2007	使用中
失効 2006	使用中
失効 2017	使用中
失効 2006	使用中
失効 2004	使用中
失効 2004	使用中
失効 2016	使用中
懸念物質	使用中
懸念物質	使用中
懸念物質	使用中
懸念物質	使用中
懸念物質	使用中
懸念物質	使用中
懸念物質	使用中、食品添加物*
懸念物質	食品添加物*
懸念物質	食品添加物*

*：食品添加物（ポストハーベスト農薬）として使用（一部抜粋）

が急増し、自然生態系もどこかおかしくなってきている原因は、農薬の乱用にあるかもしれないと考えざるを得ません。

日本では国産のものは安全と考えている方が多いようですが、上述したように日本は農薬使用大国です。OECD加盟国中ではここ10年ほど1位、2位を争っており、OECDからは使用量を減らすよう勧告を受けた経緯もあるのです。2010年頃から発表された多数の論文で、有機リン系やピレスロイド系、有機塩素系などの農薬曝露が子どもの脳発達に悪影響を及ぼすことが、動物実験、疫学研究から明らかとなってきました。前述したように2012年には米国小児科学会が公式に「農薬曝露は子どものがんを増やし、脳の発達に悪影響を及ぼす」と社会に警告を出したのに、日本国内では何ら対策が取られていないどころか、農薬の安全基準を決める毒性試験に発達神経毒性は入っていないのです。また有機リン系、ピレスロイド系、ネオニコチノイド系では、マウスやラットを用いた実験で生殖器官への毒性が報告さ

表9-2　環境ホルモン作用のためEUで失効／懸念物質となっている農薬類（一部抜粋）

農薬の種類	農薬名
カルバメート系殺虫剤	カルバリル
ピレスロイド系殺虫剤	ペルメトリン
有機リン系殺虫剤	フェニトロチオン
殺菌剤	プロシミドン
殺菌剤	マンネブ
除草剤	アラクロール
除草剤	アトラジン
除草剤	シマジン
除草剤	アミトロール
有機リン系殺虫剤	マラチオン
ピレスロイド系殺虫剤	シペルメトリン
殺菌剤	ボスカリド
殺菌剤	テトラコナゾール
殺菌剤	トリフルミゾール
除草剤	2,4-D
殺菌剤	フルジオキソニル
殺菌剤	イマザリル
殺菌剤	ピリメタニル

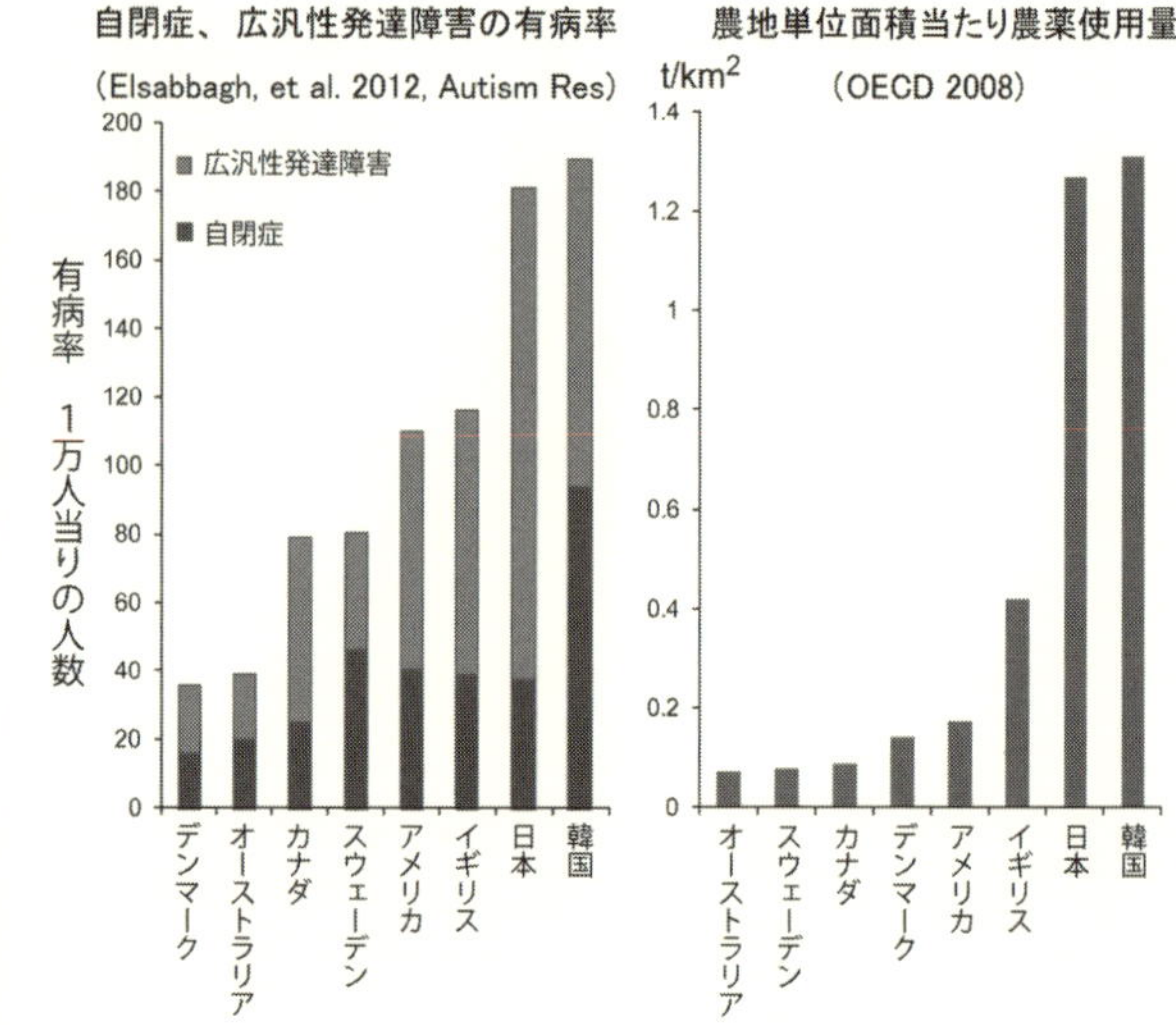

図 9-3　OECD 加盟主要国の農地単位面積当たり農薬使用の実態と自閉症スペクトラム障害の有病率

韓国，日本，イギリス，米国まで上位 1 ～ 4 位までは，農地面積当たりの農薬使用量と自閉症＋ 広汎性発達障害の有病率が一致した。最近診断名が変わり，両者を併せて自閉症スペクトラム障害（本書では自閉症に省略）と呼ぶようになった。文献［3］，図 8-1 より（一部説明を改変）

れており、人間の少子化の一因となっている可能性もあります。

農薬の危険性に着目して、ＯＥＣＤ加盟国の農薬使用量と自閉症や発達障害児の有病率を比較してみたところ、なんと農地面積当たりの農薬使用量が世界2位と1位である日本と韓国が、自閉症の有病率でも共に世界2位と1位で一致し、3位、4位も英国と米国で使用量と有病率の順位が一致しました（図9‐3）。この比較は厳密なものではなく、また因果関係を直接示すものではありませんが、米国小児科学会の警告を考えると、農薬使用量と自閉症の有病率の一致は無視できないと考えます。

日本の農業の現状は生産者にとって厳しい状態で、人手不足、高齢化など多くの問題を抱えていますので、すぐに完全無農薬、有機農業に方向転換は難しいかもしれません。しかし農薬のむやみな使用は生態系を破壊し、次世代に甚大な健康障害を及ぼす可能性が高いので、順次農薬の使用量を減らし、有機農業、無農薬農業を推進することが国の将来を守ることに繋がると考えられます。安全な食料の自給自足の根源である農業は、国の基本でもありますから、政府ももっと有機農業の推進に力を注いでほしいものです。最後の11章では、この有機農業の推進について、最近の活発な動きについて紹介します。

■コラム9：松枯れ対策の危険な殺虫剤散布

全国で続いている松枯れの原因は、大気汚染、酸性雨、線虫マツノザイセンチュウの寄生、複合影響などが考えられていますが、明白な原因は分かっていません。林野庁など行政機関では、線虫の寄生を主原因とし、線虫を松に持ち込むマツノマダラカミキリの駆除のため、大量の殺虫剤散布を40年間も継続していますが、松枯れの被害は止まらず、殺虫剤の効果が疑問視されています。殺虫剤の散布は、広い松林に手っ取り早く撒くために、有人・無人ヘリによる空中散布か地上から大型機器を使って散布しているので、周囲の大気や住宅に広がり、人体影響、ことに子どもへの影響や生態系への影響が懸念されています。

撒いている殺虫剤は、欧米では登録が取り消された環境ホルモン作用のある有機リン系と高毒性のネオニコチノイド系殺虫剤で、急性毒性のみならず、低用量でも長期曝露影響が懸念されています。農薬の空中散布は人体や生態に影響を及ぼす危険性が高く、ＥＵでは全面禁止されていますが、日本では農業以外にもこの松枯れ対策で行われています。狭い国土の日本では、農業地や松林などでも周囲に人家が近い場合が多く、空中散布は不適切です。

10章　原子力発電が地球の未来を脅かす

原発事故による放射線物質汚染の問題は、主題の化学物質から離れますが、人間が作り出した放射線が、自分たち人間、なかでも次世代を担う子どもたちを含む自然界に重大で取り返しのつかない悪影響を及ぼすため、触れないわけにはいきません。また低線量放射線と低用量有害化学物質を同時に曝露すると、どちらか一方では影響が出なくとも、発がん性が増すなど相乗複合作用が出る場合があることもすでに報告されています[44]。ここでは、今日本で一番気がかりな放射線の内部被曝を含めた低線量長期被曝による人体影響、子どもの甲状腺がん、有害環境化学物質と放射線の複合影響、そして原発の継続が地球の自然界に残す負の遺産について、今の段階で分かっていることの概要を書きたいと思います。

なお、放射線の人体影響については、がんの放射線治療の権威である北海道がんセンター・西尾正道と、放射線と化学物質の専門家である国立医薬品食品安全研究所・井上達、両氏の専門的、科学的な論文、著書[45、123-126]をもとに、筆者がなるべく分かりやすく書きましたが、文責はすべて筆者にあります。また、原発や放射線のことを、本書ですべてを書くにはスペースの制限もありますので、詳しい情報を知りたい方は、専門書をご覧ください[45、125]。

1．低線量長期被曝の影響

福島原発事故による放射線の影響で、今一番気がかりなことは低線量長期影響ではないでしょうか。事故直後は高線量短期被曝が最優先の課題でしたが、「直ちに起こらない」けれども、十年、数十年経てから被曝した子どもや大人ばかりでなく、次の世代に起こることについて、考えずにはおられません。福島原発事故による放射線汚染はいまだに継続しており、溜まる汚染水の処理や廃炉への道筋もついていません。しかし、某総理は2020年東京オリンピック開催のために、「福島原発事故はコントロールされている」として、20ミリシーベルト／年以下は「安全」だと放射性物質汚染のある福島原発近傍の避難区域を解除しようとしています。

1986年から30年が経ち、チェルノブイリ原発事故で被曝した子どもたちは、甲状腺がん以外にも各臓器の腫瘍、免疫系の低下による感染症、呼吸器官、消化器官、造血器官、生殖器官、脳神経系などに多様な疾患が多発し、健康に支障のない子どもがほとんどいないと、「チェルノブイリ被害調査・救援」女性ネットワークの綿貫礼子、吉田由布子が報告しています[127、128]。福島原発事故は、チェルノブイリ原発事故よりも小規模なので被害は少ないとし、ひたすら復興、再興だけに目を向けさせる政府のやり方は問題ですが、理由なく放射線を怖がるのではなく、低線量長期被曝が及ぼす人体影響について、わかってきたことを把握したいと思います。

放射線が化学物質と違うのは、放射線はエネルギーの一種で、それ自体がDNAや生体分子を破壊する力をもっていることです。通常、有害な環境化学物質が人体に影響を及ぼす際には、生体内、細胞内のどういう反応系で作用するかによって、特有の作用が出ます。放射線の作用は化学物質のような特性はなく、たまたま放射線が当たったDNAや生体分子を直接破壊します。また生体内では水が多く含まれているので、放射線は水分子に当たって活性酸素を発生し、その活性酸素による間接影響も大きいと考えられていますが、活性酸素の作用も放射線同様に、たまたまそばにあるDNAや生体分子を破壊します。いずれにせよ、放射線影響はDNAや生体分子のどこを破壊するか、その時の放射線の通る位置によりランダムで、その結果きわめて多様な障害が起こる可能性が高いため、影響が特定できずに軽視される傾向があります。例えばアスベストは中皮腫という肺がんを起こすことが確認されていますが、放射線被曝による発がんでは、放射性ヨウ素による甲状腺がん以外の発がんは種類が多く、因果関係が特定されにくいのです。

ことに低線量長期放射線被曝による発がん以外の健康障害はその症状が多肢に渡るため、一つの有害影響が起こる確率が低くなり、一見合理的にみえる統計学に依存した現代科学では有害性がないとみなされてしまうのです。そこに放射線の人体影響の落とし穴があることを、井上達は明確に示し、私たちに次のような貴重な警告を示しました[123]。「放射線により破壊損傷されるのはDNAだけでなく、衝突したあらゆる生体高分子で、どこが破壊されるかは、確率的（バラバラ）なので、当然影響も個体ごとに多種多様、がんになるのも、どんながんになるかも、がん以外の病気や障害も個体ごとにばらばらに、一般に低い頻度で起こるのが、低線量放射線影響の特徴です。低線量放射線による健康障害は、もっと真剣な居住退避や食品安全への対策が取り組まれる必要があるのです。」

また生涯累積被曝で１００ミリシーベルト以下では発がん性は確認されていないので問題ないと、厚労省ではＨＰに記載していますが、実際にはきちんとした疫学データがないだけで安全性が確認されたわけではなく、最近の報告では１０や２０ミリシーベルトでも発がん性が上昇するという論文が増えてきています[129]。

2. 内部被曝の危険性

放射線の影響では、地面など体外にある放射性物質からの外部被曝と、食物や大気などから体内に取り込んだ放射性物質からの内部被曝があります。例えばセシウム１３７は食べ物から取り込むと、ほぼ１００％腸管から吸収されて全身に分布し、一部はすぐに尿や便から排出されます。セシウム１３７は生体内に多いカリウムと似た動態をとるので、細胞内に取り込まれ、ベータ線、ガンマ線を出し、ＤＮＡや生体高分子を破壊する可能性があります。ストロンチウム９０は、福島原発事故でもたくさん放出されたのですが、計測しにくいため通常測られませんが、もしも体内に取り込まれると、カルシウムに似た動態をとるので、その影響が懸念されています。カルシウムは骨の成分であるだけ

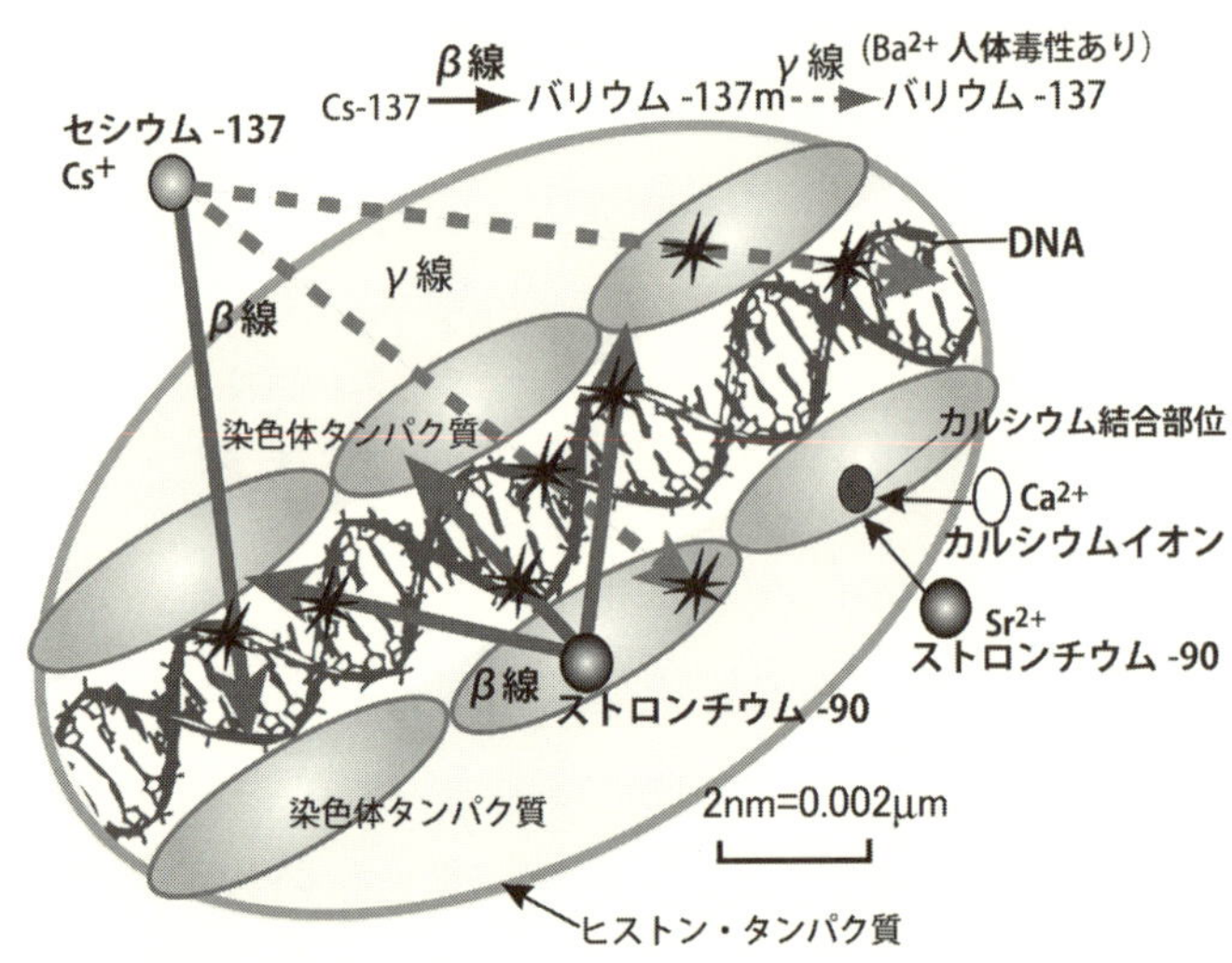

図 10-1　内部被曝したストロンチウム -90 が DNA の直ぐ近くに結合する危険性
食物で取り込んだ放射性物質は、影響の大きい内部被曝を起こすことがある。細胞内に多いカリウムにまぎれてセシウム 134、137、カルシウムにまぎれてストロンチウム 89、90 が細胞に入る可能性がある。図のように DNA に近い領域に存在する放射性物質は、DNA を直接破壊したり、細胞内のタンパク質やミトコンドリアなどを破壊すると考えらえる。

でなく、生物で多彩な働きをしています。カルシウム結合タンパク質は種類が多く細胞内、核内で重要な役割を果たしているので、ストロンチウム９０がカルシウムの代わりに取り込まれてしまうと骨や細胞内に取り込まれ、至近距離からベータ線を出す恐れがあります（図10－1）。

また食物中の放射性物質汚染も問題ですが、大気中の放射性物質の汚染も問題です。原発事故直後に大気中に放射性物質が大量に放出されたことはよくわかっていますが、放射性セシウムなどはガス状になって放出されただけではなく、不溶性の球状微粒子に放射性セシウムが含まれていたことが２０１３年に報告されました[130]。2016年には、原発事故後、放射性セシウムは珪酸塩ガラスの微粒子となって放出されたことも明らかにされました[131]。さらに広島原爆被爆者における健康障害の主原因は、放射性微粒子被曝であったことも、2016年に報告されました[132]。放射性物質を大量に含んだ震災がれきが日本の各地に運ばれ、ごみ処理場で燃焼された後、大気中に放射性物質が拡散する可能性が懸念されています。

前述したように（1章5節）、福島原発事故により大量に出た放射性セシウムなどを含んだ放射性廃棄物は、8000ベクレル／kg超を指定廃棄物、8000ベクレル／kg以下は安全として、通常のゴミ同様にゴミ焼却場での焼却か埋め立てが進んでいます。しかし、セシウムやセシウム化合物は焼却場の800度では気化しやすく、セシウム137がガス化、微粒子化してバグフィルターを通過し、大気中に現在も放出され続けている可能性があるのです[43b]。肺から入った放射性物質は、肺に蓄積したり、血液を介して全身をめぐったりして、内部被曝を起こす可能性があります。黄砂やPM2・5には、農薬や重金属など環境化学物質も検出されますので、大気汚染でも放射性物質と環境化学物質の複合曝露が懸念されます。

放射性物質としてトリチウムも福島原発事故以来流出し続けていますが、トリチウムの出すベータ線はエネルギーが低いから危険性はないとして、海洋に大量に流されています。汚染水に含まれている放射性セシウムやストロンチウムは、放射性物質除去装置で除去できますが、トリチウムの除去には高額な費用が必要です。そのため、政府・東電はトリチウムはエネルギーが低いので安全としていますが、研究報告では水素原子からできたトリチウムは細胞内のＤＮＡに取り込まれ、染色体異常を起こすことも分かっているので、トリチウムを野放しにしているのは問題です。

3．子どもの甲状腺がんと出生異常

チェルノブイリ原発事故では直後に放射性ヨウ素が多量に放出され、その後、被曝した子どもたちに甲状腺がんが多発したことがよく知られています。甲状腺ホルモンはヨウ素を含むため、体内に取り込まれた放射性ヨウ素は甲状腺に蓄積して放射線を出し、甲状腺がんが多発したと考えられています。福島では約３８万人を対象とした県民健康調査が行われ、２０１７年１０月の報告では甲状腺がんと診断され手術を受けた子どもが１５４名（１２月では１６０名）、疑い例も含めて１９４人と発表されました[133]。県の検討委員会では、この時点では「これまでのところ被曝の影響は考えにくい」として、その理由には「チェルノブイリ原発に比べて福島県民の推定被曝線量が少ないこと、がんが多発した5歳児以下の発症が少ないこと」を挙げていますが、福島原発事故による増加とみる研究者もおり、甲状腺がんが福島原発事故により増加しているのか否か議論になっています。

チェルノブイリ原発事故後の子どもの甲状腺がん発症のデータを見ると、６年以降での増加が著しいことが明らかです。がんの放射線治療の権威・西尾正道によれば、現在は結論を出すよりも将来の長期影響が懸念されることから、甲状腺がんを含み今後継続した総合的な健康調査が必要で、実施した調査は放射線被曝のデータと合わせて、医学的、科学的に解析を行っていくことが重要と指摘して

います。さらに甲状腺がんでは、半減期が8日と短い放射性ヨウ素だけが問題ではなく、半減期の長い放射性セシウムが体内に取り込まれると子どもでは甲状腺に集まりやすいので、長期的な検査が必要と提言しています。

環境ジャーナリスト・川崎陽子の論評によれば[134]、子どもの甲状腺がんは100万人に1人の稀な病気であるのに、福島では子どもの患者が増え続け、リンパ節などへの転移も高率に見られていることから、除染の対象となっている全域で、早期発見・早期治療を目指した対策が必要としています。通常、甲状腺がんでは転移が少ないのに、福島では浸潤性が高く転移が高率にみられ、チェルノブイリ事故後の甲状腺がんの症例と類似しているという状況も気がかりです。福島の子どもの甲状腺がんについては、今後調査を継続し、結果を注意深く見ていくことが重要でしょう。

また、今も継続している放射性セシウム、ストロンチウム、トリチウムなどの低線量長期被曝、内部被曝によって起こる多様な健康障害の可能性に目を向け、影響を受けやすい胎児や子ども、これから子どもを持つ若い男女は、できるだけ被曝を減らす対策が今も今後も必要と考えます。

では福島原発事故後の現段階で、国内で甲状腺がん以外の異常は起こっていないのでしょうか。2016年、日本やドイツの研究者らは、日本の厚労省が公表した妊娠22週から生後1週間の周産期死亡率を解析した結果、2011年12月以降、福島と近隣5県（岩手、宮城、茨城、栃木、群馬）では、2011年3月の事故から10か月後より死亡率が急に15・6％増加し、2014年までそのまま増えていると国際専門誌に報告しました[135]。千葉、東京、埼玉でも周産期死亡率が6・8％増え、それ以外の地域では増加がないとも記載しています。この地域による周産期死亡率の違いを見ると、放射線の影響を受けやすい胎児や乳児に、すでに影響が出ている可能性が懸念されます。日本の少子化問題は深刻ですが、放射線被曝の影響についてはほとんど触れられていません。もっと理性的に科学的にとらえる必要があるのではないでしょうか。

4．福島原発事故による自然生態系への影響

福島の放射性物質の高汚染地域での、動植物への影響では、チョウや昆虫、ツバメの奇形など小動物で多くの被害が確認されています。人間の居住区では除染が行われても、森林では手つかずで放射性物質の高濃度汚染が継続しているのですから、生態系に及ぼし続けている影響は甚大であるに違いありませんが、その本当の実態はなかなか伝わってきません。群像舎の岩崎雅典らは、２０１２年からドキュメンタリー映画「福島生きものの記録」を撮り続け、シリーズ1～5を毎年発表して、白斑のあるツバメやリンパ球が減少したニホンザルなど、福島の生き物たちが受けている放射線影響の映像を伝え続けています。

チェルノブイリ原発事故後の生態影響では、高線量急性被曝で動植物が重大な影響を受けた後、人間が不在となったことにより生物相が一見豊かになった現象もみられていますが、多様な生物の遺伝子が受けた遺伝的影響を長期的に調査していく必要があると、チェルノブイリ・フォーラム専門家委員が提言しています。福島でも避難して無人となった町に、イノシシが闊歩している姿がニュースな

どで見られますが、２０１７年の厚労省が公表したデータでは福島県のイノシシ肉５２００ベクレル／ｋｇ、ヤマドリ１１００ベクレル／ｋｇと記録され、周辺県でもイノシシなど野生動物で放射性セシウムが検出されています[40、41]。野生の山菜、キノコもいまだに汚染が続き出荷制限されている物が多々あり、東北は山菜、キノコなどの宝庫でもあるだけに、残念でなりません。もちろん飼育された牛肉や農産物では福島県でも、放射性物質は検出されていませんが、福島原発事故で汚染された地域では、野生動物や野生の山菜、キノコがいまだに汚染されていることを私たちは忘れてはならないと思います。

放射性物質はいったん環境中に放出されると、取り返しのつかない被害を起こしてしまうことを、なかったことには決してできません。２０１７年6月には、福島原発事故汚染地域の野生日本ザルで、胎仔の脳の小頭化や体重減少が、事故後に顕著になったことが発表されています[136]。前述したように、人間でも、福島原発事故後に、汚染地域で死産や乳児死亡率が上昇していることと合わせ、注目していかねばならない現実です。

また原発が自然生態系にとって問題なのは、事故が起きなくとも、放射性廃棄物の安全な処理方法がないことなのは周知のことです。たとえに「トイレのないマンション」と言われますが、人間の排泄物は微生物などによって分解され、自然生態系に還元されますが、放射性廃棄物はそうはいきません。プルトニウムでは半減期が2万4千年と気の遠くなるような年月がかかり、安全になるまでどう保管するかは未解決の重大事です。さらに福島原発事故で炉心溶融した3つの燃料の塊は、世界に存在する高レベル放射性廃棄物の中で最も厄介です。危険とはいえ品質管理され、ガラス固化された通常の放射性廃棄物と違い、プルトニウム、ウラン、死の灰が全部溶けて混ざり、形状もわからないのですから厄介です。

放射性廃棄物の最終処分をテーマにした、「10万年後の安全」というドキュメンタリー映画は、未来を象徴してインパクトのあるものでした。デンマークの映画監督マイケル・マドソンが制作したこの映画は、フィンランドに建設中の高レベル放射性廃棄物の最終処分場オンカロを淡々と美しい映像で紹介しています。地下約500メートルにあるこの処分場は、廃棄物が一定量になると閉鎖されるので、遠い将来に備えて処分場の存在を未来の人間に伝えるべきか、隠すべきかを、国と管理会社が真面目に話し合う姿がなんともSFのようですが、真実であるところに鳥肌が立ちました。未来に伝える場合、10万年後に人類が存在するのか、存在したとして言語はどうなっているか、何かを埋蔵してある痕跡を見つけた場合、元来好奇心を持つ人類は発掘を試みるのではないか、だからこそ隠すべきではないか、など真剣に討議しているのです。

私たち個人の人生は長くて約100年、10万年後の地球は一体どうなっているのでしょう。10万年後の地球に、放射性廃棄物の最終処分場が世界各地にあるのでしょうか。2017年7月末に、経産省は高レベル放射性廃棄物の最終処理場の候補地を発表しました[137]。地下300mに10万年余り保存できる施設を作るとして、候補地の選定に火山や活断層を避け海岸沿いの900余の自治体の科学的特性マップを公表し、今後20年かけて候補地を選定していくとしています。日本のような地震大国では、フィンランドのように耐久性のある地下に処分場を建設することは非常に難しいことですが、放射性廃棄物はすでに溜まっており、海外に委譲するわけにはいきませんから、処分場の計画そのものは遅かったぐらいでしょう。しかし、福島事故での政府の対応、特に真実を隠蔽する資質から抜本的な見直しが行われない限り、国民の合意を持って処分場の候補を絞り、施設を作ることは困難です。

日本の計画では、使用済み燃料を再処理して、プルトニウムやウランを取り出し、残った廃棄物を最終処分場に埋めるとしていますが、この核燃料サイクルは高速増殖炉もんじゅの失敗のように日本でも世界でも破綻しており、前述したフィンランドの処分場のように使用済み燃料をそのまま直接処分するべきです。また最終処分場に保管を予定されている高レベル放射性廃棄物は4万本余りとされているそうですが、すでに溜まっているものだけでも約2万5千本分もあるのに、原発を再稼働し、さらに廃棄物を増やすような政策には計画性が全くないといっても過言ではありません。処理場には費用も莫大にかかり、私たちの税金が使われるのですから、私たちはこの計画を、安全性、公開性など注意深く監視していく責任があります。

原発は再生エネルギーよりも安価だという説は、このような放射性廃棄物の最終処理の費用を入れておらず、どう考えても不合理です。福島原発事故後に、国民の大多数は日本の原発はすべて廃止にしたいと意志表明しました。韓国、台湾、ドイツ、スイスでは、福島原発事故を教訓にして、原発を廃止にしていくと、2017年6月に東京新聞が報道しています。中国でも原発依存の政策を変更し、太陽光発電など再生エネルギーに方向転換を計ろうとしています。当事者国である日本で、原発再稼働を進め、海外へも原発輸出を推進している現状は、何としても変えていかねばなりません。

■コラム10：携帯の電磁波に気を付けよう

電磁波とは、いったい何でしょう。10章で書いてきた放射線も電磁波の一種で、私たちが目にする可視光や紫外線、赤外線も電磁波に属します。電磁波はエネルギーを持った波動で、図10‐2のように波長が短くエネルギーの高い放射線から、波長が長くエネルギーの低い携帯やテレビ、ラジオの電波まで種類がたくさんあります。もともと太陽光からくる自然の電磁波は、放射線や紫外線、可視光線、赤外線、遠赤外線まで300GHz以上の振動数です。300GHz以下の電磁波と原発の放射線は人間が作り出した人工産物です。電子レンジ、電気機器から出る電磁波、携帯電話やテレビ、ラジオ電波など多様な電磁波が世界中を飛び交っています。ただし、1952年ドイツのシューマンが、地球の大気上層の電離層に、7・8Hz程度の低い周波数の電磁波が存在することを発見し、この自然の電磁波は、地球の周囲の長さに共振するのでシューマン共振波と呼ばれています。

エネルギーの高い放射線や紫外線はDNA切断などを起こし、発がんのリスクを上げることが知られています。比較的エネルギーの低い電気機器や高圧線の鉄塔、携帯電話からの電磁波の人体影響については、実験研究が難しいため研究報告が不十分ですが、白血病や脳腫瘍などの人体影響、ことに発達期の子どもへの影響が懸念されています。国立環境研究所・兜真徳は、寝室の磁場を計測し、一定以上の電磁波を常時曝露すると子どもの急性リンパ性白血病発症のリスクを上げることを2006年に発表しました。携帯電話で通話する際、脳に近いので影響が大きく、2011年、国際がん研究機関IARCは、携帯電話による長い通話は脳腫瘍発症のリスクを上げると報告しました。低エネルギーの電磁波も人類がこれまで経験しなかったものであるため、国際非電離放射線防護委員会（ＩＣＣＮＩＲＰ）や米軍では、健康上の規制値を規定しています。日本では、携帯電話やスマホのエネルギーの基準を健康障害を及ぼさない程度に規定しているので問題ないとしています（総務省ＨＰ〔138〕）。

　電磁波曝露による白血病や脳腫瘍発症については、まだ解明されていないことが多いですが、子どもの健康に関わる重要な問題です。携帯電話を乳児や幼児、小児には使わせないようにし、成人でも長い時間の通話はなるべく避けたいものです。電磁波で心身の状態が悪化する電磁波過敏症も増えているようです。電磁波は感じない人も多いので、電磁波による障害は精神的なものと捉えられがちですが、電磁波は末梢神経の感覚神経系に存在するＴＲＰ受容体を介するシグナル毒性（コラム５）をもたらす可能性があり、今後の研究が必要です。ＴＲＰ受容体は、熱、振動など機械刺激、化学刺激など多様な環境の変化に反応する生物の基本的な受容体です。（電磁波の詳細は〔139、140〕）

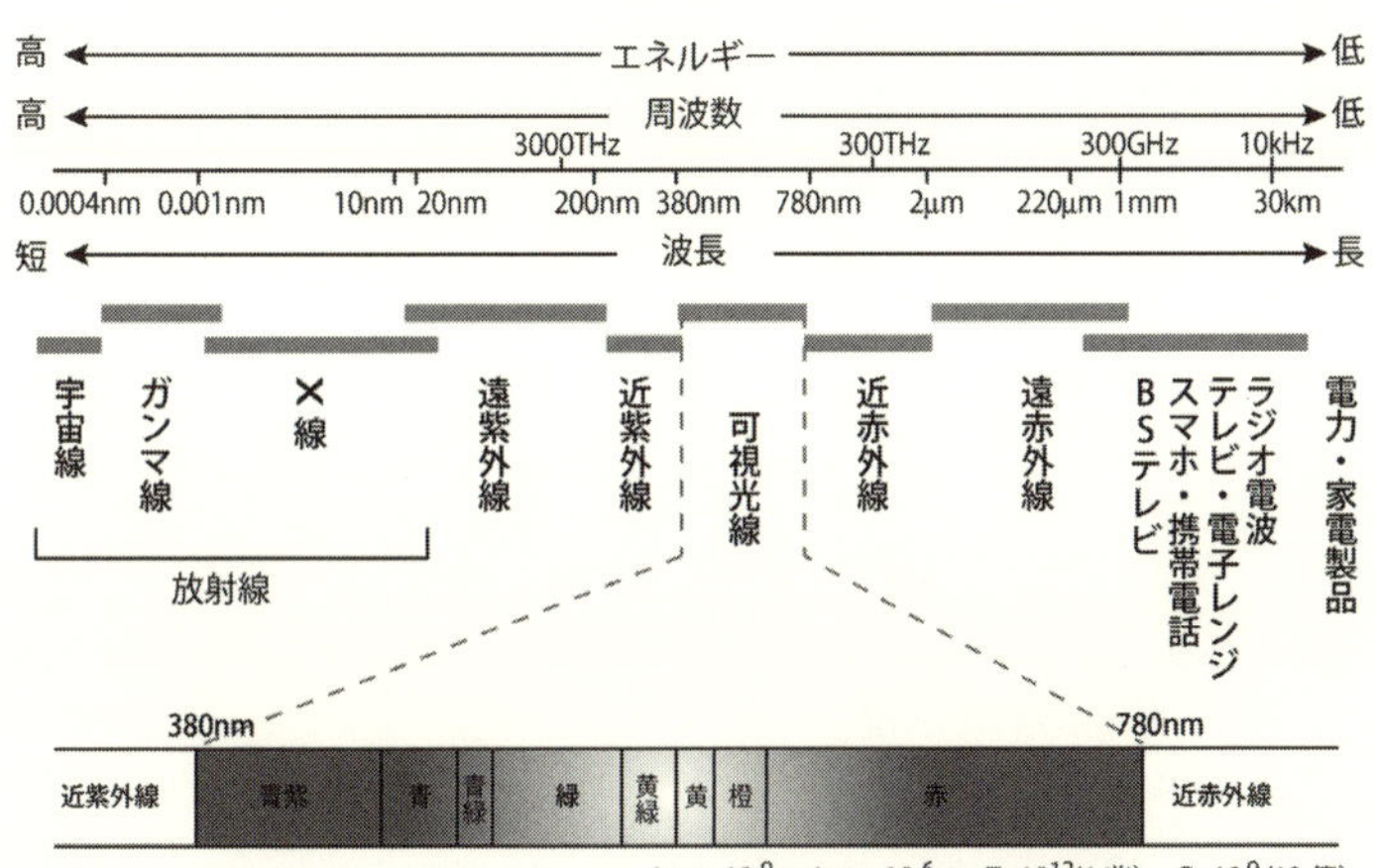

1nm=10^{-9}m, 1μm=10^{-6}m、T=10^{12}(1兆)、G=10^{9}(10億)

300GHz 以下の周波数の電磁波と原発や核兵器の放射線は人間が作り出した電磁波

ただし大気上層の電離層に、7.8Hz の低い周波数の自然の電磁波が太古より存在する（シューマン共振波）

図 10-2　電磁波の波長と光のスペクトル

11章　危機的状況からの脱出

ここまで、この50‐60年で膨大な種類と量の人工化学物質が人間によって急増し、それによって、自然環境や人間の健康状態が思いもよらない影響を受けてきたことを書いてきました。もちろん、人工化学物質の開発がすべて悪いというつもりは決してありません。抗菌剤や医薬品などの開発により、人間の寿命は延び、重篤な感染症からも予防、治療できるようになってきました。しかし、農薬やPCB、プラスチックなど人工化学物質の安易でむやみな使い過ぎによって、自然破壊や多様な人間の健康障害が起こってきてしまったことも明らかな事実です。

この本を書いている最中、自分を含み人間が見過ごしてきたことの事実の重みに、将来に希望が見いだせないこともありました。しかし現在、日本国内でも世界でも、この地球環境を何とかしたいという人々の思いが、あちこちで生まれ、大きくなってきています。私たちは、今こそ方向転換して、「べつの道」を選ばねばならない瀬戸際にきているのではないでしょうか。この章では、私たちに何ができきるか、将来への展望について、書いてみたいと思います。

1．日本の化学物質の法規制──世界との比較

有害な残留性有機汚染物質の地球規模の汚染や地球温暖化など、１９７０年頃から環境問題が世界的に重要視されるようになり、１９９２年、リオデジャネイロで開催された国連・地球サミットから、国際的な化学物質管理への対策が始まりました。１０年後の２００２年、ヨハネスブルグで行われた地球サミットでは、さらに取組を進めるために、「予防的取組方法に留意しつつ、透明性のある科学的根拠に基づくリスク評価手段とリスク管理手段を用いて、化学物質が、人の健康と環境にもたらす悪影響を最小化する方法で使用、生産されることを２０２０年までに達成する」ことが合意されました。これを受けて２００６年には、日本を含み世界の国々が集まって国際化学物質管理会議が開催され、２０２０年を目標にした「国際的化学物質管理に関する戦略的アプローチ」、略してＳＡＩＣＭ（サイカム）が出され、この目標を達成するよう世界の国々は、自分の国の行動計画を作って、具体的に対策を進めてきています。

各国の化学物質への取組みの中で、もっとも先進的に２０２０年目標を目指して規制を進めているのはＥＵです。これまで事業者は、安全性の証明がなくても化学物質を、取り扱うことができました。しかし２００７年から、事業者は事前に安全性を調べて登録しなければ、化学物質を生産したり、輸入することができなくなるというＲＥＡＣＨ規則を導入しました。２０２０年目標に間に合うよう

2018年までに、EUのすべての製造・輸入業者が、欧州化学物質庁に、化学物質の毒性データなどを届けることになっています。欧州化学物質庁は、届けられたデータを基に、発がん性、生殖機能に有害な作用、内分泌攪乱作用を持つ物質や、環境影響の大きい残留性有機汚染物質などを、特に有害な環境化学物質を高懸念物質として指定します。指定された高懸念物質は厳しく規制され、用途ごとに許可を得なければ生産や輸入ができません。EUでは、2017年10月段階で174物質が高懸念物質として指定されており、環境ホルモン作用のあるビスフェノールA（BPA）も高懸念物質に入りました。

またEUでは、生物を殺傷する農薬は人間にも環境にも影響が大きいため、農薬の使い方も見直し、2009年に農薬規則を作りました。農薬規則は、予防原則に基づいたもので、農薬使用を推進するのではなく、人間や環境を守るために、農薬の使用をなるべく減らすことを明記しています。農業以外に使われる農薬も、2012年に環境と人間の健康を高いレベルで保護することを目的としたバイオサイド（殺生剤）製品規則が公布されました。EUでは、環境ホルモン物質がヒトの生殖機能や子どもの発達に悪影響を及ぼすことを重要視して、実際に厳しい規制を行う予定ですが、特に農薬には多数の環境ホルモン懸念物質が挙げられており（9章、表5）、具体的な規制が実施されようとしています。

日本では1973年、化審法（化学物質の審査及び製造等の規制に関する法律）が制定され、PCBの製造、使用禁止など、かなり早い時期から規制が始まりました。ところが1章図1‐1のように、化審法は環境経由からの曝露に限られたもので、個々の消費者が製品使用に伴う直接の曝露については対象にしていません。また、規制の厳しい第一種に指定されているのは、残留性有機汚染物質だけで、EUのREACH規則で厳しい規制の対象となるような発がん性、生殖毒性、環境ホルモン作用などを起こす物質は入っておらず、規制が不十分です。

日本の化学物質の法規制の問題点をここで全部挙げることはできませんが、1章コラム2で記載した課題や化審法の問題など、現行の日本の法制度は不十分で、世界の動向やEUに遅れをとっています。SAICMの2020年目標まで数年を残すこととなり、日本でも早急で具体的な対応が望まれます。なかでも最も懸念される化学物質の曝露による子どもへの健康影響についての施策は、環境省のエコチル調査とよばれる疫学調査が、2011年から10万人規模で進んでいますが、この最終結果は2032年と15年も先に予定されています。エコチル調査は途中経過も報告されているので、子どもの発達に障害を及ぼす懸念がある化学物質について早急に検査を進め、予防原則を適用して、迅速に規制を実施してほしいものです。

環境ホルモン物質については、環境省主導で生態影響を中心にした研究施策であるEXTEND2005，2010、2016が継続していますが、具体的な規制には繋がっておらず、2020年目標に向け、EUのREACH規則のような具体的な法規制に着手することが望まれます。

2020年の東京オリンピックでは、日本の幅広い国際化が要求されます。有害な化学物質への対策も、海外から注目されることは間違いありません。今後の日本で現実的に合成化学物質と折り合いを付けながら、経済的にも成り立っていくためには、まずは省庁を超えた包括的な化学物質規制法を作ることが必要です。そしてすべての化学物質に事前審査を義務付け、審査後も安全性と必要性を新しい科学的知見から検証しつつ、個々の化学物質ごとに規制しながら使用していくことが、持続可能な将来の社会に繋がっていくのではないでしょうか。

2. 環境化学物質の問題は科学技術の進歩では解決できない

環境化学物質の問題でときおり聞かれるのは、科学技術が進歩したのだから、この問題が解決できるのではないかという質問があります。確かに、科学技術の進歩は目覚ましい面があり、私たちの生活も昔の生活に戻ることは不可能で、非合理的です。特に最近話題の大きな2つの技術革新である、進歩した人工知能（ＡＩ）やコンピュータを用いた技術、そして遺伝子組換え技術は、人間のこれからの将来に影響を及ぼすことはほぼ確実であり、環境問題にも関わることなので、ここで触れておきたいと思います。

まずＡＩやコンピュータ解析ですが、将棋や囲碁では、人間がＡＩに負ける時代が到来し、注目を集めています。コンピュータによる膨大なデータの解析技術は、条件が整えば人間の能力をはるかに超えることができますから、例えば化学物質の毒性を解析する手段として一定の期待がもてます。コンピュータ（インシリコ）による毒性スクリーニングによる計算（コンピュテーショナル）毒性学は、新しい研究手段として開発が進んでいます。

これまでの毒性学では、マウス、ラット、ウサギなどを用いた動物実験か、培養細胞もしくはタンパク質や遺伝子を用いた試験管レベルの実験で、影響を調べるものでした。コンピュータを用いた毒性学では、実際の動物実験や試験管内での実験を取り扱わずに、計算で結果を予測する手法で、動物保護の立場からも評価できます。この方法は今後の毒性学において、重要な役割を果たすことが期待されますが、誰が操作するのか、公平性をどう保障するかは大きな問題です。これは従来の毒性研究でも同様ですが、すべての資料に公開性を持たすことにより、一定程度の公平性を保てると考えます。たとえば現在国内の農薬では、農薬が登録・使用開始された後、大分時間を経てから、毒性実験の情報が公開されますが、内容はすべてオープンではなく企業内秘密で非公開となっているものが多いのです。

また使用する情報データに間違いがなく、生体分子の機能などが正確にわかっていれば、ある程度正しい方向性が導き出されるかもしれませんが、たった一つの生体分子にしても、現在の科学ではわかっていないことがたくさんあるのもネックとなります。たとえば、子どもの脳発達に悪影響を及ぼす可能性の高いネオニコチノイド系農薬の毒性ですが、標的となるニコチン性アセチルコリン受容体は、異なる機能をもつサブセットが多種類存在し、それぞれが脳発達期に重要なだけでなく、大人の脳神経系、免疫系、生殖系などで多用され、まだ解明されていないことが多々あります。また実際の細胞内では、ニコチン性アセチルコリン受容体は他の生体分子とも関わり、ダイナミックな構造変化を起こすので、ある一定条件では、ネオニコチノイドは昆虫特異性が強く、ヒトや哺乳類には反応性が低い結果となっても、実際の細胞内では予想以上に反応することが科学的に明らかになっているのです。

他の生体分子も同様に、実際の生体内では細胞・組織で別の機能を持ったり、ダイナミックに構造変化を起こしたりするので、その機能を完全に把握することは、不可能に近いか、長い年月がかかります。このようにインプットする情報が完全ではないのですから、ＡＩやコンピュータ技術による化学物質の毒性解析は、まだまだ現状では難しい面があると考えられます。

ＤＮＡの一部を入れ替え、挿入、削除するなど人為的に操作する遺伝子組換え技術は、医療、農業、畜産業など多角的に開発が進んでいます。医療試薬の開発では有効性に期待ができますが、９章で書いたようにこれまでの遺伝子組換え農産物には、問題が山積みでした。こちらも、生体分子の機能が完全にわかっていないのと同様に、遺伝子ＤＮＡやタンパク質がコードされていないＤＮＡ領域がどんな働きをしているのか、解析が進んだとはいえ、わからないことのほうが多いのが現状です。ある領域のＤＮＡ遺伝子を人為的に操作して、その面からみて人間に有利な結果を得たとしても、その遺伝子が別の機能を担っているなど、予想外のことが起きる可能性があるのです。たとえば古くから知られている鎌形赤血球症は、貧血を起こす遺伝子変異を持ちますが、マラリアには耐性を示すため、マラリア流行地域では有利になると考えられています。難病治療など医療面では、遺伝子組換え技術を使った開発を進めることには意味があると考えますが、これを農業、酪農などに使用するには、生態系、人体への長期影響、生態影響を十分に調べる必要があります。安易に利用すると、後からしっぺ返しがくるかもしれません。

3. 子どもの健康を守る――予防原則が大切

前述したように、国レベルでの有害な化学物質の規制はまだまだ遅れているのが現状です。まずは私たち自身が、有害な環境化学物質の正確な知識を持ち、体になるべく取り込まないよう、できることをやっていきましょう。自分や子どもを守るのは、私たち自身です。

特に強調したいのは、有害な環境化学物質には、環境ホルモン作用、脳神経系攪乱作用、「直ちに」ではないが成長後や、次世代に及ぼす影響など、新しい毒性を持つものが多数あることを示す科学的根拠が蓄積してきて、世界的には規制や取組が開始されているのに、日本の対応が遅れていることです。多くの研究者が指摘しているように、これら有害な環境化学物質の低用量長期複合曝露は、従来の急性毒性などと違って一見わかりにくいのですが、実際には不妊、アレルギー、自己免疫疾患、発達障害、うつ病、パーキンソン病、アルツハイマー病、各種がんなど、多くの疾患の要因となっている可能性が高いのです。特に農薬曝露による子どものがんや脳発達への悪影響は知見が蓄積してきており、米国小児科学会や世界産婦人科連合、ＷＨＯでも警告しているのです。

しかし残念なことに、日本では農薬など有害な環境化学物質について一般にはあまり知られていません。また、この新しい毒性と疾患の厳密な因果関係は複雑で、完全に証明することは難しく、「直ちに」起こる人体被害でないことも相まって、利便性、経済性重視の現代では、危険性のある人工化学物質を即刻製造中止、使用中止にすることは難しいのです。現在の化学物質の規制は、農薬の安全試験など不十分とはいえ、それなりにありますが、新しい毒性については考慮されておらず、農水省、環境省、厚労省、経産省など縦割りの行政で、規制が難しくなっています。

しかし、このまま何もせずに放置したら、取り返しのつかない事態になってしまいます。将来を担う子どもたちの健康と地球環境の保全は重要な問題ですから、予防原則の立場から、個人レベル、国レベルでもできることからやっていきましょう。個人でも、有害な環境化学物質曝露を避けられることは、後述するようにたくさんあります。一方で、地球環境全体の維持を考えると、限られた個人レベルでの対応では不十分なのはもちろんです。国レベル、社会レベルに働きかけ、地球温暖化のように予防原則を適用して、危険性のあるものは禁止するなど、法的規制を実施することが緊急に必要と考えます。

日本でも悪化した環境を何とかしようと、環境化学物質に取り組んでいる市民団体やＮＰＯ，ＮＧＯが複数活躍しており、団体を介して政府に直接申し入れをすることも可能となります。自分のやり方、目的に合った団体を見つけて、一緒に運動していくことも有効な手段でしょう。

「ＮＰＯダイオキシン環境ホルモン対策国民会議」[141]は、１９９８年より女性弁護士中心に環境ホルモンや農薬など有害な環境化学物質の規制に具体的な提言を続けており、ダイオキシン類特別措置法の制定にも貢献してきました。「反農薬東京グループ」は、長年農薬の危険性に関わる正確な情報を『農薬毒性の事典』[108]やＨＰ[142]で発信してきました。「グリーン連合」は、気候変動、生物多様性、環境化学物質問題など多様な環境問題に取り組む国内のNPO、NGOが約80団体結集し、2015年より政府への働きかけなど、行動を起こしています[143]。「国際環境NGOグリーンピース」は、農薬、原発、プラスチックなど多様な問題に世界レベルで取り組んでいます[144]。その他、たくさんのNGOやNPOが環境化学物質や環境問題に取り組んでいます。欧米の環境化学物質問題に取り組む市民団体の中には、専門的な情報と組織力も持ち、政府や研究者、先進的な企業とまで連携して、化学物質問題の解決に貢献している組織もあります。日本でも市民団体の力でもっと飛躍が可能です。

4. 個人でできること

まず、有害化学物質の汚染状況を正確に知りましょう。今はインターネットで多くの情報を得ることができます。環境化学物質の情報についても、環境省、厚労省、都道府県の機関など公的機関からたくさんの情報を得ることができます。8章の表8-1なども参考にしてみてください。経口、経気、経皮など曝露経由によって、当然対応が異なってきます。

実際問題、有害な環境化学物質をすべて避ける生活は、ほぼ無理ですから、その際の目安として、有害性×曝露量=リスク評価の考え方が重要です。危険度は有害性だけでなく、曝露量にもよりますし、さらにバランスの良い栄養や日常生活の効率化も欠かせません。また感受性の高い胎児や子ども、妊娠中の方はより配慮が必須です。その上で、できることからやってみましょう。

まず食事経由の場合ですが、殺虫剤など農薬の曝露は、無農薬野菜や有機野菜を食べればいいので、他の有害な環境化学物質よりも回避しやすいでしょう。日本でも無農薬野菜や有機野菜は入手しやすくなり、生協や宅配、さらに通常のスーパーでも一部販売するようになってきています。価格が高いのが難点ですが、栽培した農家の方たちのご苦労を考え、自分たちの健康のため、できるだけ取り入れたらと思います。「国際環境NGOグリーンピース」では、これまで通常の野菜を食べてきた家族に、有機野菜を10日間食べてもらい、尿中に含まれる殺虫剤の量を調べたところ、有機リン系、ピレスロイド系殺虫剤や除草剤グリホサートなどの検出量が、有機野菜を食べた後で顕著に減少したことを報告しています[144]。同様なことが欧米の論文で報告されています。自治体の幼稚園、保育園や学校給食の食材を、有機野菜など安全な食材で作ろうという「地産地消」の動きも各地で始まっています。特に子どもは有害化学物質の影響を受けやすいので、十分気を付けたいものです。

ダイオキシン、PCB、DDTなど脂溶性、蓄積性、難分解性の残留性有機汚染物質類は、生態系上位のマグロやクジラなど水系動物に汚染が高く、内臓、脂肪に蓄積しています。有機水銀もマグロなど生態系上位の魚類に多いので、妊婦は気を付けるようにと厚労省も呼びかけています[145]。魚類はEPAやDHAなどの不飽和脂肪酸など重要な栄養類も含んでいるので、種類や量、産地などに気を付けて食べましょう。偏った食生活にならないよう栄養バランスからも、汚染物質の面からも質の良い魚類を選んで食べましょう。

有害な環境化学物質は、調理法でも軽減できるものがあります。脂溶性のPCBやDDTなど残留性有機汚染物質類は魚や肉の脂肪や内臓に溜まるので、取り除き、熱湯で処理をすれば減るでしょう。農薬類は、表面を洗えば落ちるものもありますが、最近急増しているネオニコチノイド系農薬など浸透性農薬は内部に浸透してしまうので、洗い落とせず厄介です。

またダイオキシンなどの有害化学物質では、食物繊維を多く摂取すると排出しやすいことが分かっています。有害な化学物質の排出には、葉緑素、抗酸化作用の多い食材も有効といわれています。繊維質、葉緑素、抗酸化物質の多い野菜をたっぷり食べましょう。デトックス効果のある薬剤やサプリメントなどもよく広告されていますが、薬に頼るのはおすすめできません。サプリメントは一種類の物質を多量に摂取してしまうことになり、副作用が出やすく、添加物なども多いので、注意が必要です。

次に空気ですが、屋外の大気汚染はなるべく避けましょう。ＰＭ２・５粒子には、有害な重金属や農薬が検出されています。放射性物質も微粒子が危険というデータが出てきているので、子どもは特に要注意です。また室内の空気も気を付けましょう。家庭用殺虫剤にはピレスロイド系、ネオニコチノイド系など人間にも危険性のあるものが使用されていますから、使用は避けましょう。ゴキブリなどがどうしても嫌なら、ホウ酸団子やゴキブリホイホイなど殺虫剤でないものを使用しましょう。

除菌剤、消臭剤、芳香剤は成分に毒性のある物質が使われていることが多く、過剰な除菌は私たちの大事な共生細菌にも影響しますので、十分注意しましょう。壁や床などの建材にも防虫用に殺虫剤が使われていることがあるので、素材を確認しましょう。床下のシロアリ駆除もネオニコチノイド系殺虫剤が使われ、あとから気化して、室内の空気を汚染することが報告されています[146]。最近はより安全なシロアリ駆除もあるようですから、実施する前に何を使うのか、本当に駆除が必要かを含み検討しましょう。

皮膚からの化学物質曝露は、石鹸、化粧品など自分で選択できる場合が多いので、環境ホルモン作用の懸念されている物質や毒性の高い物質を避け、安全性の高い、自分に合ったものを選びましょう。ナノ粒子など新技術で作られたものは、安全基準がなく、安全性が確認されていない場合がありますので、注意しましょう。

5．オリンピックを契機に「有機・無農薬農業」へ舵取りを

農薬は生き物を殺す殺生剤（バイオサイド）なので、農薬の中には深刻な生態影響を及ぼしたり、人間にも健康障害を起こすものが多数あることが分かっています。ただ農薬については、簡単な解決手段があります。有機・無農薬農業の推進は、自分たち人間だけでなく、地球生態系を守り、持続可能な社会を作っていく有効な手段です。法的規制が遅れているとしても、自分たちが農薬を使わない選択をとればいいのです。世界では、前述したように国連レベルで各国の有機農業の推進を促しており、EUをはじめ世界中で有機農業の割合が増えてきています。

国際的な有機農業研究機関と国際有機農業運動連盟の発行している２０１７年度版の世界の動向[147]では、１９９９年から２０１５年の間に有機農業用地は１１００万ヘクタール（０・２％）から５０９０万ヘクタール（１・１％）と5倍近くに広がり、地区別ではオセアニアやヨーロッパが、国

別ではオーストラリアや米国の広がりが著しいと記載されています。２０１５年のデータでは、全体の農地における有機農業用地の割合が大きいのは、リヒテンシュタイン３０・２％、オーストリア２１・３％、スウェーデン１６・９％とＥＵが上位を占めています。アジアでは、ブータンで１・３％、韓国で１・０％、中国で０・３％、日本は０・２％と、日本は農薬大国といわれている中国よりも低い割合となっています。中国では最近、富裕層などに有機野菜の需要が増え、２００９～２０１３年の有機食品の需要は約３倍に増加しており、このまま進むと中国野菜が残留農薬で危ないという認識が変わるかもしれません。

２０１８年１月に発表した農水省の有機農業推進に関する資料では、有機ＪＡＳ認証されている農地は０・２％、認証を受けていない有機農業用地は０・３％あるので、日本の有機農業用地は０．５％とし、さらに２０１８年内に１％に増やすことを目標にしています[148]。この農水省の資料では、環境保全・持続可能な農業には有機農業の推進が必要であることを前提に、次の３点から有機農業を推進するとしています。①海外の有機農業の進展や市場規模が大きいにもかかわらず、国内の延びが少ない。②国内の有機農業者は農業全体に比べ７歳若く、若い新規の有機農業希望者も少なからずいる。③さらに国内の消費者の動向では、現在有機農産物を購入している１８％以外に購入希望者が６５％もいる。

農水省の有機農業への取り組みには、有機ＪＡＳ認定だけでなく、ＧＡＰ（Good Agricultural Practice：農業生産工程管理）と呼ばれる取組も含まれています。これは農業において食品安全、環境保全、労働安全などの持続可能性を確保する施策で、適切な労働環境や各国の伝統的な農業などが推奨されています。GAPでは食品安全、環境保全、持続可能を推奨しているので、当然のことながら有機・無農薬農業を目的としていると思いがちですが、現段階では基準値内の農薬ならば安全という捉え方をしている場合が多いようです。何度も書きましたが、農薬の毒性試験には、発達神経毒性、環境ホルモン作用、複合毒性などは入っておらず、基準値内であっても安全とはいえません。GAP本来の目的に沿って、有機農業、無農薬農業を盛り込んだGAP認証システムが進んでいくよう期待したいと思います。

日本はEUなどに比べ暑く、害虫が多いので、農薬がより必要という意見も聞かれますが、もっと暑いサモアで有機農業用地の割合は9・8%、トンガで8・0%、フィリピンでも1・9%、台湾でも0・8%となっており[147]、日本も農業のやり方を再考して農薬を減らすことが可能と思われます。有機農業は全体にまだまだ低いレベルではありますが、需要も増えており、何より子どもたちの健康を守り、持続可能な地球環境を守るためには重要で、今後の進展に期待できます。

2012年のロンドンオリンピックでは、選手村のレストランで有機野菜が用いられたように、海外のアスリートは、食材の安全性を重要視します。2020年の東京オリンピックでは、前述のGAP推奨を基準としていますが、そのなかで有機農産物を推奨するとしているので、オリンピックを契機に有機農業を推進したいものです。東京オリンピックでは、選手だけでなく、「スローフード」運動が盛んな欧米から来る旅行者が有機野菜を要求することも当然予想され、ホテルやレストランでは今から準備が必要です。

日本での有機農業率はまだ低いのが現状ですが、国内の各地で有機農業を推進している先達や新たな有機農業の担い手たちがいます。栃木県の稲葉光圀は「NPO民間稲作研究所」を立ち上げて、実際に有機農業を推進するだけでなく、毎年勉強会を開き、若い農業家を巻き込んで総合的な活動を進めています。「埼玉県霜里農場」の金子美登は有機農業の実践を本で紹介し、「NPO全国有機農業推進協議会」の理事長を務めて有機農業の推進を図っています。茨城県の魚住道郎も有機農業を実践、本や「日本有機農業研究会」を主宰するなどして、普及を図っています。

実際、農薬のむやみな乱用は、人間の健康被害だけでなく、生態系にもダメージを及ぼしていることは明らかです。かつては里山の田んぼにたくさんいたタガメ、ゲンゴロウ、アカトンボ、メダカ、ドジョウなどが激減しているのは農薬散布の影響が大きいといわれています。

有機農業の推進は、持続可能な生態系の循環に合っており、生態系の一部である私たち人間の健康を取り戻し、さらに経済効果も期待できるのです。これまで殺虫剤などを合成してきた農薬会社は、有機農業に必要な堆肥、天然肥料、土壌細菌などの物資を提供するよう方向転換したらいいのではないでしょうか。日本政府は日本の将来を見据え、有機農業を支援する政策を考え、農業に対する予算を大幅に増やすような政策を実行していってもらいたいと思います。

■コラム11：生き物と共生する有機・無農薬農業

農薬を使わない有機・無農薬農業の実施は、草取りなど大変な重労働を強いられ、実際上困難ではないかとは、誰もが思うことでしょう。ところが、実践されている有機農業家の話を聞いたり、実際の農場を見学させて頂いたり、有機農業の本を読んだところ、あながちそれが無謀なことではなく、先達の努力が蓄積され実践可能であることが分かってきました。

最近では有機農業の体験ができるところや、有機農業実践のための具体策を書いた本もたくさん出版されており[149、150]、素人でも実践しやすくなってきています。詳細はとても書ききれませんが、有機農業の実践で共通なことは、自然の循環を活かした、いろいろな生物との共生関係を利用し、生態系に沿った有機農法が現実的に可能になったことです。

微生物や昆虫、小動物が多く生息する豊かな土壌作りを元に、合成農薬や合成肥料を使わなくとも、安全で美味しい農産物を作ることが可能になってきています。強い合成殺虫剤を使うといったんは害虫が駆除されることもありますが、9章で記載したように、殺虫剤耐性害虫が爆発的に増えることが何度も観察されています。自然界では害虫がいなくなると捕食する益虫もいなくなり、殺虫剤薬剤耐性害虫が大発生してしまうのは自然の摂理です。害虫も益虫も同時に生存して、適度なバランスのある自然環境が本来の農業のあり方ではないかと考えられてきています。

微生物、細菌の働きは、有機農業で大変重要です。7章にヒト・マイクロバイオーム、地球マイクロバイオームのことを記載したように、地球はまさに細菌の惑星です。土壌には作物に病気をもたらす細菌や菌類もいますが、有益なものもたくさんいることが分かってきました。特に植物の根は、栄養や水分を吸収するので、微生物との共生関係が重要視されてきており、根圏（Rhizosphere）という研究用語も生まれて、研究が進んでいます。植物共生細菌をエンドファイトと命名し、微生物の力で植物の免疫力を増強し、環境保全型の農業を推進するための研究が、国立研究開発法人理化学研究所でも進められています[151]。

人間では抗生物質、抗菌剤の使い過ぎにより、薬剤耐性菌による重篤な感染症が深刻化し、アレルギーなど多様な健康障害が問題となっています。植物界も同様に殺菌剤、抗菌剤などの乱用が、植物の共生菌を攪乱し、植物が本来もつ免疫などを阻害していることが分かってきました。植物の根も人間の腸も、細菌類との共生が重要で類似性があると書かれた『土と内臓』[152]は、生命の進化過程を感じる興味深い内容です。殺菌剤、抗菌剤の代わりに、病原菌のみを標的とするウイルスの一種、バクテリオファージの農業利用も再考されています[95]。

植物同士の共生では、コンパニオンプランツ（共生作物、共栄作物）と呼ばれる植物を野菜の近傍に植えると、野菜の生育が良く、害虫をも防ぐという情報が増えてきました。組み合わせにはそれぞれ特徴があるようですが、ネギ科の野菜（長ネギ、ニラなど）はウリ科の野菜（キュウリ、カボチャ、スイカなど）の病気と害虫を予防する効果があり、キク科（シュンギク、レタス、マリーゴールドなど）はアブラナ科（キャベツ、コマツナ、ブロッコリー、ハクサイなど）の害虫を予防する効果があるそうです。花のきれいなマリーゴールドなどを栽培した後にそのまま緑肥として畑に漉き込むと、害虫駆除にも役立つそうですから、自然の力は凄いです。

栃木の民間稲作研究所では、稲作に緑藻類アミミドロを一時期繁殖させて、雑草の増殖を抑え、除草剤を使わずに稲の繁殖に成功しています。肥料についても、従来の合成化学肥料に頼るのではなく、土壌に生存する細菌類に落ち葉や生ごみなどを分解させてできる腐葉土や堆肥を肥料として使用することは、多くの農家で実践され効果をあげています。

昆虫類の共生細菌との驚くべき生態に関する研究も進んでおり、害虫、益虫との付き合い方も新たな道が考えられています。昆虫は人間同様に腸内細菌を持っていますが、それ以外に共生細菌を体内に維持するための特殊な組織や細胞（菌細胞）を持つものまでいて、共生細菌の力を借りて生存していることが分かってきました。体内に持つ共生細菌の種類によって、昆虫は餌とする植物を変えたり、体色を変えたり、さらには殺虫剤耐性をも獲得する場合もあるというのですから、昆虫の世界は驚異的です。研究は始まったばかりですが、人間にとって害虫であった昆虫が、雑草を食べてくれる益虫に転換することもあるかもしれません。害虫を農作物から忌避する昆虫フェロモンの新しい開発も試みが続けられています。

持続可能な農業の発展には、地球の長い歴史を背負った細菌類などの微生物や他の生物との共生が何よりも大事なのでしょう。今後の注目分野です。

終わりに「べつの道」へ

将来の日本はどのような姿になっているのでしょうか。未来の子どもたち、そして地球は一体どうなっているのでしょうか。私にもだれにもその答えはまだ見えていないのかもしれません。歴史は逆戻りはできず、私たちは昔の生活には戻れません。開発してきた人工化学物質のすべてを捨て、感染症に苦しみ、食べる食料にも事欠く生活に戻るのは不可能です。しかし、膨大な種類の有害な人工化学物質に曝露され続け、健康を害する社会や、目先の利益を追求しすぎ本来の幸せを失う社会はもうたくさんです。里山など美しい日本の自然を残し、豊かな動植物や微生物環境を保持していくことが、私たち自身の健康にも、幸福にもつながっていくことは確実です。私たちの生活様式は方向転換が必要で、国が安全性を確保し実行してくれるのを待っている事態ではありません。

人工化学物質を規制すると経済が成り立たない、有機農業では食糧難になるなどという詭弁に乗せられてはなりません。環境保全に関わる事業は十分経済を潤し、有機農業で生産された食料を効率よく消費すれば、食料難になどならないのです。スーパーやコンビニで毎日、大量に廃棄される消費期限切れの食料や古くなった野菜や肉や魚介類。それを無視して、市場に無駄な大量の食料を出す必要はないのです。私たち消費者は、大量廃棄の食料にかかる費用も負担しているのです。

自分たち自身も意識を変え、日々の生活を見直すとともに、企業や政府にも私たちの意見を伝え、今の間違った流れを変える必要があります。誰もが日々忙しい生活を送り、経済的にもゆとりがない日常生活を過ごしていますから、すべてを投げ打ち、生活を変えることなど到底できません。それでも私たち一人一人が何ができるか、何をやれるか、できることからやってみましょう。時間もかかるでしょう。方向転換や修正も必要でしょう。揺り戻しや新たな攻撃もあるでしょう。予想できない新展開もあるでしょう。目指す道はこれまでの経済・利便性優先ではなく、人間が地球の一部として生きていける持続可能な社会です。

２０１５年国連では人間、地球及び繁栄のための行動計画として「持続可能な開発目標（Sustainable Development Goals：ＳＤＧｓ）」を掲げました。この目標は貧困問題、ジェンダーの問題、地球温暖化対策、持続可能な農業の推進、生態系の保護など、１７の課題を掲げた幅広い取組です。持続可能な地球環境を目指すならば、環境化学物質の問題は欠かせない重要な課題であり、経済の持続的発展上からも重要なのは当然のことです。ＳＤＧｓは世界各国で取組が始まっており、日本でも政府のみならず、多様な市民団体、産業界までもが取組を開始しています。ＳＤＧｓへの施策には、当然ながら農薬使用量の低減など環境化学物質のことも含んでいます。世界全体の潮流を見れば、農薬など有害な環境化学物質を低減していこうという方向性はもう決定的ですでに取組が始まっているのです。

日本の産業界もこのＳＤＧｓにさらに積極的に取り組み、早期に有害な環境化学物質低減の施策を世界に先駆けて進めることが、長期的な日本経済の発展に寄与するのではないでしょうか。まだまだ始まったばかりのＳＤＧｓですが、レイチェル・カーソンが『沈黙の春』で提唱した「べつの道」、美しい地球の一員として生態環境を維持し、誰もが健康で幸福でもある社会を目指すことに、繋がっていく可能性があり、期待したいです。

持続的に維持できる地球環境を守ることは、今の世界で大きな潮流になっており、人間の生き物としての本能的な喜びにも通じると、私は感じます。農薬など有害な環境化学物質を低減し、脱原発社会を目指し、自分の立場からできることをやっていこうと思います。意見がすべて同じではなくとも、共感できる仲間とともに第一歩を踏み出しましょう。

あとがき

本書は当初、農薬の健康被害、生態影響中心の内容にする予定でした。書いているうちに、内容が環境問題全般に広がってしまいました。個々の農薬や人工化学物質が及ぼす健康影響や生態毒性について書くことは山ほどありますが、それでは根本的な解決には至らないとの思いがあります。農薬は毒性が判明してから、代替の農薬が開発されることを繰り返してきました。便利で安全と思われたPCB、有機フッ素化合物、プラスチック製品、フロンガスなども、多用されてからヒトや地球に悪影響を及ぼすことが判明してきました。人間の活動そのものの価値観や目的・方法を変換しない限り、いつまでもこのジレンマが続くように思えます。

地球の歴史46億年、生命の歴史38億年のなかで、人類は最後の最後に登場し、人工化学物質の合成はそのまた最後の一瞬なのに、地球上に氾濫している有害な化学物質が人間の健康や地球生態系を脅かしています。本文中にも書きましたが、科学技術を否定し、昔の生活に戻ろうと主張しているのではありません。科学技術を妄信せず、人工化学物質の使用については予防原則に立ち、統合された法規制を基本にして使用し、循環型、持続性のある産業を模索していかなければならないと言いたいのです。未熟な点、不十分な点が多々あろうかと思います。どうぞご批判、ご意見をお寄せください。

本書を書くにあたり、多くの方々のご指導と支えがありました。全ての方のお名前を載せられませんが、感謝致します。お茶の水女子大学で生物学の基礎や社会との関連の大事さを教えて下さった団ジーン先生。お茶の水女子大学臨界実験所でご指導いただいたお茶の水女子大学・根本心一先生、大阪市立大学・団まりな先生（大阪市立大学）。女性研究者の生き方の基本を教えてくださったお茶の水女子大学・能村堆子先生。大学院の修士研究でご指導いただいた埼玉大学、石原勝敏先生、末光隆志先生。就職した東京都神経科学総合研究所でご指導いただいた保井孝太郎先生、永田功先生。東京都神経科学総合研究所に続き、東京都医学総合研究所でご指導いただいた川野仁先生、林雅晴先生。東京大学や研究所で苦労を共にしてきた多くの先輩や仲間たち。環境化学物質の問題を別の視点から学ばせてもらったNPOダイオキシン環境ホルモン対策国民会議の立川涼先生、中下裕子先生、水野玲子さん、橘高真佐美さんや理事の皆さん。環境ホルモン学会（日本内分泌撹乱化学物質学会）の諸先生方からも多くの専門知識についてご教示、ご指導いただきましたことを感謝申し上げます。

特に以下の先生方には専門的な記述についてご指導いただき、感謝致します。放射線に関しては、北海道がんセンター・西尾正道先生。シグナル毒性の記述については、労働者健康安全機構・バイオアッセイ研究センター・菅野純先生。農薬については、反農薬東京グループ・河村宏さん。化学物質の法規制については、弁護士・中下裕子先生。ただし、当然のことながら本書の文責は一切筆者にあります。

また次の方々にも感謝致します。本書を何年も前に企画し、原稿が進まない私を支援してくださった海鳴社の辻和子さん。原稿に適切な助言を下さった元・紀伊國屋書店の水野寛さん。この本に素敵なイラストを描いてくださった安富佐織さん。子育てを一緒にしてきた保育園の友人たち。実家では変わった性格の私を見守ってくれた両親と兄妹。そして、励まし続けてくれた連れ合いの黒田洋一郎と娘に感謝します。大好きな海の生き物、私の周りの生き物たちにも感謝します。

本書には、現在公表され、信頼できる具体的なデータをできるだけ記載しましたが、情報は常に更新されます。個々のデータの更新情報については、「環境脳神経科学情報センター」のHPより発信していきますので御覧ください。(URL は https://environmental-neuroscience.info/)

２０１８年春に

第1版では、人工化学物質による現代病ともいえる化学物質過敏症についての説明が不足しており、2版で8章の最後に加筆しました。情報提供して頂いた小沢祐子さんに感謝致します。(２０１８年9月)
第3版では、近年明らかになった除草剤グリホサート/「ラウンドアップ」の発がん性や多様な毒性について、拙稿[154][155](環境脳神経科学情報センターＨＰよりダウンロード可)を追加しました。オリンピック開催の年に、地球温暖化防止、農薬・プラスチックなど有害化学物質削減に向けて、環境問題が良い方向にいくよう願いつつ。(２０２０年1月)

146.　斎藤育江 , 大貫文ら . シロアリ駆除剤由来のネオニコチノイド系殺虫剤による室内環境汚染 . 東京都健康安全研究センター研究年報 . 2015;(66):225-33.
147.　FiBL & IFOAM F. The world of organic agriculture 2017, http://www.organic-world.net/yearbook/yearbook-2017/pdf.html
148.　農林水産省 . 有機農業の推進について . 2018. http://www.maff.go.jp/j/seisan/kankyo/yuuki/
149.　金子美登 . 有機・無農薬でできる野菜つくり大事典 : 成美堂出版 ; 2013.
150.　中島紀一, 金子美登, 西村和雄. 有機農業の技術と考え方: コモンズ; 2010.
151.　仲下英雄 . 微生物の力で植物の免疫力を増強し、環境保全型の作物栽培を可能に . 理化学研究所環境報告書 . 2012.
152.　デイビッド・モンゴメリー , アン・ビクレー , 片岡夏実 訳 . 土と内臓 : 築地書館 ; 2016.

【8 章の追加文献】
153．内山巌雄、東賢一．化学物質に高感受性を示す人の分布の経年変化の評価．厚生労働省：シックハウス症候群の発生予防・症状軽減のための室内環境の実態調査と改善対策に関する研究．平成 23 年度総括・分担研究報告書より．

【9 章の追加文献】
154.　木村 - 黒田純子　除草剤グリホサート /「ラウンドアップ」のヒトへの発がん性と多様な毒性(上)――安全とは言えない農薬の基準値 . 科学 . 2019:89:933-944.
155.　木村ー黒田純子　除草剤グリホサート /「ラウンドアップ」のヒトへの発がん性と多様な毒性（下）――次世代影響が懸念されるグリホサートなど日本の農薬多量使用の危険性 . 科学． 2019:89:1034-1047.

文献 51, 61, 98, 99, 114, 154, 155 は、環境脳神経科学情報センター HP よりダウンロード可。（https://environmental-neuroscience.info/）

129. Spycher BD, Lupatsch JE, et al. Background ionizing radiation and the risk of childhood cancer: a census-based nationwide cohort study. Environmental health perspectives. 2015;123(6):622-8.
130. Adachi K, Kajino M, et al. Emission of spherical cesium-bearing particles from an early stage of the Fukushima nuclear accident. Scientific reports. 2013;3:2554.
131. Yamaguchi N, Mitome M, et al. Internal structure of cesium-bearing radioactive microparticles released from Fukushima nuclear power plant. Scientific reports. 2016;6:20548.
132. 大瀧慈 , 大谷敬子 . 広島原爆被爆者における健康障害の主要因は放射性微粒子被曝である . 科学 . 2016;86:819-30.
133. 福島県民健康調査 . 検討委員会（平成 29 年 12 月 25 日）資料　甲状腺検査結果の状況 2017. https://www.pref.fukushima.lg.jp/site/portal/list279-884.html
134. 川崎陽子 . 放射線被ばくの知見を生かすために国際機関依存症からの脱却を小児甲状腺がん多発の例から考える . 科学 . 2018;88(2):194 − 201.
135. Scherb HH, Mori K, et al. Increases in perinatal mortality in prefectures contaminated by the Fukushima nuclear power plant accident in Japan: A spatially stratified longitudinal study. Medicine. 2016;95(38):e4958.
136. Hayama SI, Tsuchiya M, et al. Small head size and delayed body weight growth in wild Japanese monkey fetuses after the Fukushima Daiichi nuclear disaster. Scientific reports. 2017;7(1):3528.
137. 経済産業省 . 高レベル放射性廃棄物の最終処分に関する「科学的特性マップ」2017. http://www.meti.go.jp/press/2017/07/20170728003.html.
138. 総務省 . 電波の安全性に関する調査及び評価技術 . http://www.tele.soumu.go.jp/j/sys/ele/index.htm
139. 坂部貢 , 宮田幹夫 , 羽根邦夫 . 生体と電磁波 : 丸善出版 ; 2012.
140. 植田武智 , 加藤やすこ . 本当に怖い電磁波の話　身を守るにはどうする？ : 株式会社金曜日 ; 2012.

11 章

141. NPO ダイオキシン環境ホルモン対策国民会議 . NPO ダイオキシン環境ホルモン対策国民会議 . http://kokumin-kaigi.org/.
142. 反農薬東京グループ . http://home.e06.itscom.net/chemiweb/ladybugs/index2.htm
143. グリーン連合 . 環境 NGO・NPO・市民団体の全国ネットワーク . http://greenrengo.jp/
144. 国際環境 NGO グリーンピース . 食と農を守る . http://act-greenpeace.jp/food/
145. 厚生労働省 . 魚介類に含まれる水銀について . http://www.mhlw.go.jp/topics/bukyoku/iyaku/syoku-anzen/suigin/index.html

Behaviors of Male Mice. Frontiers in neuroscience. 2016;10:228.
114. 黒田 洋一郎 . 発達障害など子どもの脳発達の異常の増加と多様性 : 原因としてのネオニコチノイドなどの農薬 , 環境化学物質 . 科学 . 2017;87:388-403.
115. Ford KA, Casida JE. Chloropyridinyl neonicotinoid insecticides: diverse molecular substituents contribute to facile metabolism in mice. Chemical research in toxicology. 2006;19:944-51.
116. Tomizawa M, Casida JE. Selective toxicity of neonicotinoids attributable to specificity of insect and mammalian nicotinic receptors. Annual review of entomology. 2003;48:339-64.
117. Kimura-Kuroda J, Nishito Y, et al. Neonicotinoid Insecticides Alter the Gene Expression Profile of Neuron-Enriched Cultures from Neonatal Rat Cerebellum. International journal of environmental research and public health. 2016;13(10).
118. Hirano T, Yanai S, et al. NOAEL-dose of a neonicotinoid pesticide, clothianidin, acutely induce anxiety-related behavior with human-audible vocalizations in male mice in a novel environment. Toxicology letters. 2018;282:57-63.
119. Tanaka T, Suzuki T, et al. Reproductive and neurobehavioral effects of maternal exposure to ethiprole in F1 -generation mice. Birth defects research. 2018;110(3):259-75.
120. Kasai A, Hayashi TI, et al. Fipronil application on rice paddy fields reduces densities of common skimmer and scarlet skimmer. Scientific reports. 2016;6:23055.
121. 寒川一成 . 緑の革命を脅かしたイネウンカ : 星雲社 ; 2010.
122. European Commission. Endocrine Disruptors Impact assessment. https://ec.europa.eu/health/endocrine_disruptors/policy_en

10 章

123. 井上 達 . 放射線の「確率的影響」の意味 (特集 放射能汚染下の信頼). 科学 . 2012;82:535-8.
124. 井上達 , 平林容子 . 放射線に対する生体の " 確率的 " 応答 : 遺伝子発現の網羅的解析 . 科学 . 2012;82:1078-92.
125. 小出裕章 , 西尾正道 . 被ばく列島　放射線医療と原子炉 : 角川 One テーマ 21; 2014.
126. 西尾正道 . 患者よ、がんと賢く闘え　放射線の光と影 : 旬報社 ; 2017.
127. 綿貫礼子 , 吉田由布子 . チェルノブイリ事故から 25 年 放射能汚染が未来の世代に及ぼす影響 (緊急特集 福島第一原子力発電所 事故). 現代化学 . 2011;(482):35-8.
128. 吉田由布子 . 26 年後のチェルノブイリの子どもたち : ロシアの研究が語る健康被害 . 科学 . 2013;83:102-7.

8章

98. 黒田洋一郎 . アルツハイマー病など認知症増加の原因と , 発症メカニズム研究の転換 (上) 予防の重要性と , アルミニウムなど環境化学物質 . 科学 . 2017;87:1060-73.
99. 黒田洋一郎 . アルツハイマー病など認知症増加の原因と , 発症メカニズム研究の転換 (下) アルツに良い生活習慣と新しい発症メカニズム仮説 : アミロイドβ・チャネル形成のアルミニウムによる促進 . 科学 . 2018;88:79-99.
100. 公益財団法人日本食品化学研究振興財団 . 食品添加物 . http://www.ffcr.or.jp/
101. 国立医薬品食品衛生研究所 . 食品添加物ＡＤＩ関連情報データベース . http://www.nihs.go.jp/hse/food-info/food_add/
102. 東京都健康安全研究センター . 室内を汚染している化学物質 . http://www.tokyo-eiken.go.jp/lb_kankyo/kankyo/s1/
103. 小林隆広 . 健康影響に陰を及ぼす微小粒子 ―DEP. 環境儀 . 2006;22: 4 .
104. 香川（田中）聡子 . 家庭用品から放散される揮発性有機化合物 / 準揮発性有機化合物の健康リスク評価モデルの確立に関する研究　厚生労働科学研究費補助金化学物質リスク研究事業 平成 28 年度報告書 . 2016.
105. 武田健 . 母子伝達されるナノ粒子 : 次世代健康影響を考える . 科学 . 2012;82(10):1093-8.
106. 梅澤雅和 , 小野田淳人 , 武田健 . ナノ粒子の妊娠期曝露が次世代中枢神経系に及ぼす影響 . 薬学雑誌 . 2017;137:73-8.

9章

107. 農林水産省 . 農薬の基礎知識　詳細 . http://www.maff.go.jp/j/nouyaku/n_tisiki/tisiki.html#kiso1_1
108. 植村振作 , 辻万千子 , 河村宏 . 農薬毒性の事典　第三版 : 三省堂書店 ; 2006
109. 紺野信弘 . 有機リン系及びジチオカーバメイト系化学物質の神経毒性 . 日本衛生学雑誌 . 2003;57:645-54.
110. 石川哲 , 宮田幹夫 . 化学物質過敏症 : ここまできた診断・治療・予防法 : かもがわ出版 ; 1999. 169p p.
111. 平久美子 , 青山美子 , 川上智規 ネオニコチノイド系殺虫剤の代謝産物 6 - クロロニコチン酸が尿中に検出され亜急性ニコチン中毒様症状を示した 6 症例 . 中毒研究 . 2011;24:222-30.
112. Li P, Ann J, et al. Activation and modulation of human alpha4beta2 nicotinic acetylcholine receptors by the neonicotinoids clothianidin and imidacloprid. Journal of neuroscience research. 2011;89:1295-301.
113. Sano K, Isobe T, et al. In utero and Lactational Exposure to Acetamiprid Induces Abnormalities in Socio-Sexual and Anxiety-Related

7章

76. 服部正平 . 個人差を生む マイクロバイオーム (特集 マイクロバイオーム : 細菌に満ちた私). 日経サイエンス . 2012;42:50-7.
77. Sender R, Fuchs S, et al. Revised Estimates for the Number of Human and Bacteria Cells in the Body. PLoS biology. 2016;14:e1002533.
78. IHMC. International Human Microbiome Consortium. http://www.human-microbiome.org/
79. NIH. NIH Human Microbiome Project. https://hmpdacc.org/hmp/
80. マーティン・J・ブレイザー , 山本太郎 訳 . 失われてゆく我々の内なる細菌 : みすず書房 ; 2015.
81. EMP. Earth Microbiome Project http://www.earthmicrobiome.org/
82. 光岡知足 . 人の健康は腸内細菌で決まる : 技術評論社 ; 2011.
83. アッカーマン J. 究極のソーシャルネット (特集 マイクロバイオーム : 細菌に満ちた私). 日経サイエンス . 2012;42:40-8.
84. 早稲田大学 . 健康な日本人の腸内細菌叢の特徴解明、約 500 万の遺伝子を発見 2016. https://www.waseda.jp/top/news/39021
85. Masahata K, Umemoto E, et al. Generation of colonic IgA-secreting cells in the caecal patch. Nature communications. 2014;5:3704.
86. 栃谷史 . 周産期母体腸内細菌叢と児の脳発達 . 腸内細菌学雑誌 . 2017;31(1):33-41.
87. Thion MS, Low D, et al. Microbiome Influences Prenatal and Adult Microglia in a Sex-Specific Manner. Cell. 2018;172:500-16.e16.
88. 長谷耕二 . 腸内細菌とアレルギーとのかかわり . 実験医学 . 2016;34(18):2296 − 3001.
89. 水野慎大 , 金井隆典 . 消化管疾患に対する糞便微生物移植法の将来展望 . 実験医学（増刊）. 2017;35:155 − 64.
90. 須藤信行 . 脳機能と腸内細菌叢 . 腸内細菌学雑誌 . 2017;31:23-32.
91. コンスタンディ M. 胃腸と脳の意外なつながり (特集 マイクロバイオーム : 細菌に満ちた私). 日経サイエンス . 2012;42:58-63.
92. 須藤信行 . 脳の機能に関与する 腸内フローラと「脳腸相関」ヘルシスト . 2017;242:2 − 7.
93. 山本太郎 . 抗生物質と人間―マイクロバイオームの危機 : 岩波新書 ; 2017.
94. Reardon S. Phage therapy gets revitalized. Nature. 2014;510(7503):15-6.
95. エミリー・モノッソン , 小山重郎 訳 . 闘う微生物　抗生物質と農薬の濫用から人体を守る : 築地書館 ; 2018.
96. 厚生労働省 . ワンヘルスに関する連携シンポジウム－薬剤耐性（ＡＭＲ）対策－
厚生労働省による AMR の取組 2017 http://www.mhlw.go.jp/stf/seisakunitsuite/bunya/0000180881.html
97. 高野裕久 . 環境汚染と免疫・アレルギー . 臨床環境医学 . 2016;25(2).

mhlw.go.jp/houdou/2006/02/h0202-1a.html
60. ジャスティン・ウヴネース・モベリ , 瀬尾智子、谷垣暁美 訳 . オキシトシン : 晶文社 ; 2008.

4 章

61. 黒田 洋一郎 , 木村 - 黒田 純子 . 自閉症・ADHD など発達障害増加の原因としての環境化学物質 : 有機リン系 , ネオニコチノイド系農薬の危険性 (上). 科学 . 2013;83:693-708.
62.　R. フリント , 浜本哲郎 訳 . 数値でみる生物学 : スプリンガー・ジャパン ; 2007.
63. Pakkenberg B, Pelvig D, et al. Aging and the human neocortex. Experimental gerontology. 2003;38:95-9.
64. Cowan WM, The development of the brain. Sci Am. 1979;241:113-33.
65. Courchesne E., Pierce K., et al. Mapping early brain development in autism. Neuron. 2007; 56: 399-413.
66. SFARI gene. 自閉症関連遺伝子データベース . https://gene.sfari.org/database/human-gene/
67. Hallmayer J, Cleveland S, et al. Genetic heritability and shared environmental factors among twin pairs with autism. Archives of general psychiatry. 2011;68:1095-102.
68. Walker DM, Gore AC. Epigenetic impacts of endocrine disruptors in the brain. Frontiers in neuroendocrinology. 2017;44:1-26.
69 Kanno J. Introduction to the concept of signal toxicity. The Journal of toxicological sciences. 2016;41(Special):Sp105-sp9.

5 章

70. 仲野徹 . エピジェネティクス　一新しい生命像をえがく : 岩波新書 ; 2014.
71. Feil R, Fraga MF. Epigenetics and the environment: emerging patterns and implications. Nature reviews Genetics. 2012;13:97-109.
72. Anway MD, Cupp AS, et al. Epigenetic transgenerational actions of endocrine disruptors and male fertility. Science (New York, NY). 2005; 308: 1466-9.
73. 福岡秀興．胎生期環境と生活習慣病発症機序：—成人病（生活習慣病）胎児期発症起源説から考える—．日本衛生学雑誌．2016；71：37-40.

6 章

74. 清川昌一，伊藤孝，池原実，尾上哲治．地球全史スーパー年表：岩波書店；2014.
75. Prindle A. Liu J. et al. Ion chnnels enable electrical communication in bacteria communities.. Nature. 2015; 527: 59-63

45. 西尾正道 . 放射線健康障害の真実 : 旬報社 ; 2012.

2 章

46. レイチェル・カーソン , 青樹 簗一 訳 . 沈黙の春 : 新潮社 ; 1964 (原著 1962) .
47. 石川哲 . 有機リンの慢性中毒 . SCIENTIFIC AMERICAN. 1978;1:68-82.
48. 経済産業省 . 合成洗剤と環境問題 . http://www.meti.go.jp/policy/chemical_management/chemical_wondertown/drugstore/page04.html
49. シーア・コルボーン , ジョン・ピーターソン・マイヤーズ , ダイアン・ダマノスキ , 長尾 力 訳 . 奪われし未来 : 翔泳社 ; 1997 (原著 1996) .
50. ローワン・ジェイコブセン , 中里京子 訳 . ハチはなぜ大量死したのか : 文芸春秋 ; 2009 (原著 2008) .
51. 木村 - 黒田純子 , 黒田洋一郎 . 自閉症・ADHD など発達障害増加の原因としての環境化学物質 : 有機リン系 , ネオニコチノイド系農薬の危険性 (下). 科学 . 2013;83:818-32.
52. 水野玲子 . 新農薬ネオニコチノイドが日本を脅かす : 七ツ森書館 ; 2012 (増補版 2015) .
53. IUCN Task Force on Systemic Pesticide I. 浸透性殺虫剤の生物多様性と生態系に対する影響の世界的な統合評価書 (和訳名) https://www.actbeyondtrust.org/wp-content/uploads/2015/05/wia_20151206.pdf Worldwide Integrated Assessment of the Impact of Systemic Pesticides on Biodiversity and Ecosystems. Environ Sci Pollut Res. 2015;22:1-305.
54. 川島紘一郎 . 哺乳動物における非神経性アセチルコリンの発現とその生理作用 . 日本薬理学雑誌 : FOLIA PHARMACOLOGICA JAPONICA. 2006;127:368-74.

3 章

55. Gore AC, Crews D, et al. Introduction to Endocrine-Disrupting Chemicals. A Guide for Public Interest Organizations and Policymakers 2014. https://www.endocrine.org/topics/edc/introduction-to-edcs.
56. Levine H, Jorgensen N, et al. Temporal trends in sperm count: a systematic review and meta-regression analysis. Human reproduction update. 2017;23:646-59.
57. Iwamoto T, Nozawa S, et al. Semen quality of fertile Japanese men: a cross-sectional population-based study of 792 men. BMJ open. 2013;3(1).
58a. Wang C, Yang L, et al. The classic EDCs, phthalate esters and organochlorines, in relation to abnormal sperm quality: a systematic review with meta-analysis. Scientific reports. 2016;6:19982.
58b. Horan TS., Marre A., et al. Germline and reproductive tract effects intensity in male mice with successive generations of estrogenic exposure. Pios Genet. 2017; 13(7) 1006885.
59. 厚生労働省 . 大豆及び大豆イソフラボンに関する Q & A. http://www.

28. 高田秀重 . International Pellet Watch. http://pelletwatch.jp/
29. Karami A, Golieskardi A, et al. The presence of microplastics in commercial salts from different countries. Scientific reports. 2017;7:46173.
30. AFP BB News. マイクロプラスチック、水道水に含有か 研究者ら警告 2017. http://www.afpbb.com/articles/-/3142010.
31. World Econimic Forum. The New Plastics Economy Rethinking the future of plastics 2016. http://www3.weforum.org/docs/WEF_The_New_Plastics_Economy.pdf
32. Geyer R, Jambeck JR, et al. Production, use, and fate of all plastics ever made. Science advances. 2017;3:e1700782.
33. 社団法人プラスチック循環協会 . プラスチックのリサイクル . http://www.pwmi.jp/plastics-recycle20091119/index.html
34. Hernandez E, Nowack B, et al. Polyester Textiles as a Source of Microplastics from Households: A Mechanistic Study to Understand Microfiber Release During Washing. Environmental science & technology. 2017;51:7036-46.
35. UNEP(国際環境計画). UN declares war on ocean plastic. 2017. https://www.unenvironment.org/news-and-stories/press-release/un-declares-war-ocean-plastic
36. 国際連合広報センター . 海洋環境破壊を食い止めるための自主的コミットメントが本格化 . 2017. http://www.unic.or.jp/news_press/info/24623/
37. WHO. Living Blue Planet Report 2015. https://www.wwf.or.jp/activities/data/20150831LBPT.pdf
38. 東京電力ホールディングス . 福島第一原子力発電所周辺の放射性物質の分析結果 . http://www.tepco.co.jp/decommision/planaction/monitoring/index-j.html
39. 海上保安庁 . 放射能調査結果と概要 . http://www1.kaiho.mlit.go.jp/KANKYO/OSEN/housha.html
40. 国立保健医療科学院 . 食品中の放射性物質検査データ . http://www.radioactivity-db.info/Default.aspx
41. 厚生労働省 . 食品中の放射性物質への対応 . http://www.mhlw.go.jp/shinsai_jouhou/shokuhin.html#syokuhin.
42. 文部科学省外部サイト . 放射線量等分布マップ拡大サイト . http://ramap.jmc.or.jp/map/eng/
43a. 環境省 . 指定廃棄物について . http://shiteihaiki.env.go.jp/radiological_contaminated_waste/designated_waste/
43b. 矢崎克馬. バグフィルターを素通りする放射能汚染 2017 https://www. sting-wl.com/yagasakikatsuma 18, html
44. Nomura T. Parental exposure to x rays and chemicals induces heritable tumours and anomalies in mice. Nature. 1982;296:575-7.

12. OECD. Environmental Indicators for Agriculture. http://stats.oecd.org/
13. Xin F, Susiarjo M, et al. Multigenerational and transgenerational effects of endocrine disrupting chemicals: A role for altered epigenetic regulation? Seminars in cell & developmental biology. 2015;43:66-75.
14. Yee AL, Gilbert JA. MICROBIOME. Is triclosan harming your microbiome? Science (New York, NY). 2016;353:348-9.
15. 森千里 , 戸高恵美子 . へその緒が語る体内汚染 : 未来世代を守るために : 技術評論社 ; 2008.
16. 経済産業省 . 平成 27 年第一回経産省化審法施行状況検討会資料 . 2015.
17. NPO ダイオキシン環境ホルモン対策国民会議 . 化学物質 2020 年目標についてのパンフレット . 2014.
http://kokumin-kaigi.org/wp-content/uploads/2014/06/312ee8569509b9fb290809ad42f3626c.pdf
18. 食品安全委員会 . 食品の安全性に関する用語集 . http://www.fsc.go.jp/yougoshu/visual_yougosyu_fsc_5_201307.pdf
19. 環境省 . 平成 27 年ダイオキシンに係わる環境調査結果 2015. http://www.env.go.jp/chemi/dioxin/report.html
20. 環境省 . 化学物質と環境 . http://www.env.go.jp/chemi/kurohon/index.html
21. Boucher O, Muckle G, et al. Altered fine motor function at school age in Inuit children exposed to PCBs, methylmercury, and lead. Environment international. 2016;95:144-51.
22. Wielsoe M, Kern P, et al. Serum levels of environmental pollutants is a risk factor for breast cancer in Inuit: a case control study. Environmental health : a global access science source. 2017;16:56.
23. ハロゲン化残留性有機汚染物質 (POPs) に関する国際シンポジウム Dioxin 2017. http://www.dioxin2017.org/
24. Jamieson AJ, Malkocs T, et al. Bioaccumulation of persistent organic pollutants in the deepest ocean fauna. Nature ecology & evolution. 2017;1:51.
25. 環境省 . オゾン層を守ろう 2017. http://www.env.go.jp/earth/ozone/pamph/
26a. Eriksen M, Lebreton LC, et al. Plastic Pollution in the World's Oceans: More than 5 Trillion Plastic Pieces Weighing over 250,000 Tons Afloat at Sea. PloS one. 2014;9:e111913.
26b. van Sebille E, Wilcox C, et al., A global inventory of small floating plastic debris. Environmental Research Letters. 2015; 10 (12)
27. Tanaka K, Takada H. Microplastic fragments and microbeads in digestive tracts of planktivorous fish from urban coastal waters. Scientificreports. 2016;6:34351.

文　献

［全ての文献、引用元をつけると膨大になるので、適宜選択しました。］

はじめに

1.　文部科学省 . 通常の学級に在籍する発達障害の可能性のある特別な教育的支援を必要とする児童生徒に関する調査結果について 2012. http://www.mext.go.jp/a_menu/shotou/tokubetu/material/1328729.htm.

2.　文部科学省 . 全国特別支援学級設置学校長協会 特別支援教育行政の現状と課題 . 2016.

3.　黒田洋一郎 , 木村ー黒田純子 . 発達障害の原因と発症メカニズム 脳神経科学からみた予防、治療・療育の可能性 : 河出書房新社 ; 2014.

4.　Diamanti-Kandarakis E, Bourguignon JP, et al. Endocrine-disrupting chemicals: an Endocrine Society scientific statement. Endocrine reviews. 2009;30:293-342.

5.　Gore AC, Chappell VA, et al. EDC-2: The Endocrine Society's Second Scientific Statement on Endocrine-Disrupting Chemicals. Endocrine reviews. 2015;36:E1-e150.

6.　WHO. State of the science of endocrine disrupting chemicals - 2012. http://www.who.int/ceh/publications/endocrine/en/　日本語版は国立医薬品食品研究所のサイトからフリー
http://www.nihs.go.jp/edc/files/EDCs_Summary_for_DMs_Jpn.pdf

7.　WHO. Endocrine disrupters and child health 2012. http://www.who.int/ceh/publications/endocrine_disrupters_child/en/

8.　Council on Environmental Health. Pesticide exposure in children. Pediatrics. 2012;130:e1757-63.

9.　Di Renzo GC, Conry JA, et al. International Federation of Gynecology and Obstetrics opinion on reproductive health impacts of exposure to toxic environmental chemicals. International journal of gynaecology and obstetrics: the official organ of the International Federation of Gynaecology and Obstetrics. 2015;131:219-25.

1章

10.　環境省 . 日本人における化学物質のばく露量について 2017. http://www.env.go.jp/chemi/dioxin/pamph.html

11.　Osaka A, Ueyama J, et al. Exposure characterization of three major insecticide lines in urine of young children in Japan-neonicotinoids, organophosphates, and pyrethroids. Environmental research. 2016;147:89-96.

著者：木村 - 黒田純子（きむら - くろだ　じゅんこ）

東京都生まれ。
1975 年、お茶の水女子大学理学部生物学科卒業、1977 年、同大学院修士課程を修了。1977 年、東京都神経科学総合研究所、微生物学研究室、研究職員。1997 年、同研究所、脳構造研究部門、主任を経て、発生形態研究部門、主任。2011 年、同研究所の統合に伴い公益財団法人・東京都医学総合研究所、脳発達・神経再生研究分野、神経再生研究室、研究員。2013 年～ 2017 年、同研究所、こどもの脳プロジェクト、研究員。1984 年、東京大学にて医学博士号取得。現在、環境脳神経科学情報センター副代表
研究テーマ：環境化学物質による人体影響（とくに脳発達への影響）、生態影響
著書：『発達障害の原因と発症メカニズム　脳神経科学からみた予防、治療・療育の可能性』河出書房新社、2014 年、黒田洋一郎と共著

地球を脅かす化学物質（ちきゅうをおびやかすかがくぶっしつ）

2018 年 7 月 5 日　第 1 刷発行
2024 年 3 月 29 日　第 4 刷発行

発行所：㈱ 海 鳴 社

http://www.kaimeisha.com/
〒 101-0065　東京都千代田区西神田 2 － 4 － 6
E メール：kaimei@d8.dion.ne.jp
Tel.：03-3262-1967 Fax：03-3234-3643

発 行 人：辻 信 行
組 版：海 鳴 社
印刷・製本：モリモト印刷

出版社コード：1097

ISBN 978-4-87525-341-9